U0173037

沙永玲／主编　郭嘉琪／著　陈盈帆／绘

電子工業出版社
Publishing House of Electronics Industry
北京·BEIJING

写给家长和老师

我的孩子爱数学

郭嘉琪

不可否认，数学确实是每个人生活中不可或缺的一部分。但是，当身为家长或老师的我们正式把数学介绍给孩子或拿到课堂上时，孩子们似乎并不喜欢学。太多的例子告诉我们，很多不喜欢数学的人，绝大部分原因来自童年不如意的学习经历。难道真的没有办法让我们能更自然、更愉快地将数学介绍给孩子们吗？难道在我们带领孩子探索数学世界时，一直都会如此枯燥吗？尤其是充满好奇心的低年级孩子，我们该如何告诉他们数学世界里其实充满惊喜，等待着他们去探索呢？现在，我很高兴与孩子们一同找到了“皆大欢喜”的方法。

没有孩子不喜欢故事，没有孩子没有好奇心，利用此特点，我借着“说故事”，将看似硬邦邦的数学主题介绍给孩子们。原本看着窗外的孩子，现在会目不转睛地盯着我瞧、期待着我的故事。原本让孩子觉得与自己生活毫不相关的数学主题，却让他们一反常态充满正义感地急着去了解。数学不再只是数字，数学是故事、是趣味，也是生活。令我振奋的不只是孩子愉悦的学习过程，更是多数孩子因此被激起了进一步探索的兴趣。

本书以能力取向，内容针对小学低年级的课程设计，亦适合其他年级复习或预习之用。所以我选用了篇幅较短的“寓言故事”，以配合孩子们的识字量。本书内容包含以下 3 个部分。

★ **故事和数学练习题：**利用故事营造情境，引起孩子学习的兴趣。每则寓言故事之后附上该单元主题的练习题，并在“头脑体操”部分说明设计目的。孩子的数学能力是要朝多元化发展的，包括逻辑能力、配对能力、视觉能力等，看似只是一些数学题，却题题包含了对孩子的各种能力的培养和提升。

★ **高手过招，进阶挑战：**这个闯关活动中涉及前面所学的数学题目，提供更进一步地复习与检查学习成果的机会。

★ **参考解答：**附上参考解答，方便老师和家长协助批阅或让孩子自行订正。

希望本书能让家长和教师们在协助或引领孩子学习数学的道路上多一点灵感和创新。当我们愿意尝试不同的教学方式时，就有更多的机会触发孩子的学习兴趣。我相信你们也将会和我一样，看见孩子充满期待和雀跃的眼神……就让我们和孩子一同去探索数学吧！

写给小朋友

故事、数学我都爱

郭嘉琪

我和你一样，也有个喜欢听故事的童年，只要是能和“故事”扯上关系的东西，不管是书本、电视剧、动画片还是电影，我都要仔细地瞧一瞧、听一听，不知道故事的结局是不会罢休的。不过学校的功课总是和“故事”没有多大关系，尤其是数学，要做的题目总有一大堆。当时我常常想：“如果做数学题像听故事一样有趣，那该有多好？”所以当有一天我真正成为老师时，我就决定要帮小朋友们一个大忙，把“学数学”变成像“听故事”一样有趣的事。

之后，有好多小朋友告诉我：“原来故事和数学是好朋友，为什么我以前都不知道呢？为什么没有人告诉我呢？”如果小朋友不知道故事和数学的关系，他们就不会知道数学多有趣，更不会知道故事中有很多问题需要他们帮忙解决。如果不解决害怕数学、讨厌数学的问题，又怎能学习更多的知识，学会自己解决问题呢？基于这些重要的原因，诞生了这本书！

书中包括以下 3 个部分。

★ 故事和数学练习题：每一篇都先介绍一则有趣的寓言故事，之后会提出一些数学问题让你解决。你只要仔细、用心地想，一定可以找出答案！

★ 高手过招，进阶挑战：如果你成功地解决了前面的数学题，那么建议你试试闯关游戏。这些关卡会证明你是不是能通过全部考验，以此证明你是一位了不起的解题高手。

★ 参考解答：附上参考解答是为了方便老师或家长帮你对答案。在算完数学题后，你也可以自己对一对答案，这也是一个不错的方法！若是有错误的地方，别忘了再想一想、算一算。

希望这本书可以让你和“故事”、“数学”手牵手，前往奇妙的数学世界。我身边的好多小朋友都是这样爱上数学的，相信你也一定会有很多奇妙的收获。现在，就让我们一同去探索吧！

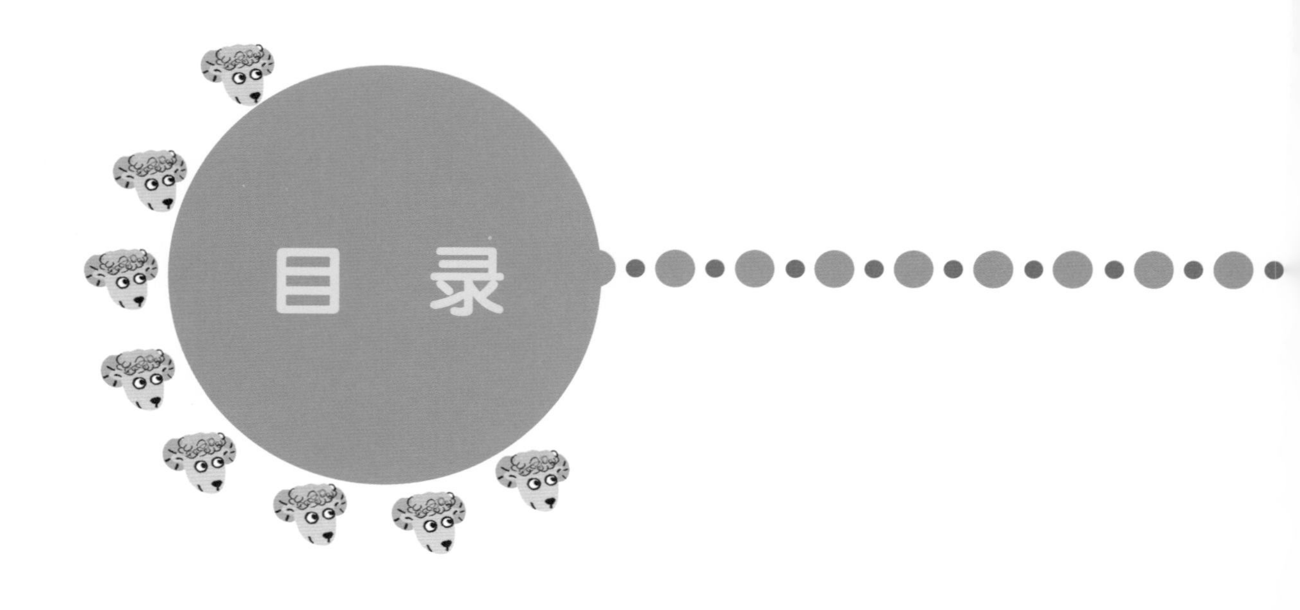

目　录

200 以内的数：
熟悉 200 以内的数；
熟悉数位顺序；学会数数、
读写数；了解数
的大小

1. 放羊的孩子

很久以前，有一个牧童，他每天的工作就是替人看守羊群，并且带着羊到山上去吃草。

一天，牧童像往常一样坐在树荫下边吹短笛边放羊。突然，他心血来潮，想要捉弄山下的大人们。于是，他站起身，扯开嗓子对着山下大喊："救命啊！狼来了！谁来帮忙救救我的羊？救……救命啊……"山下的村民听到喊声，全都毫不犹豫地急忙上山来救他。

"狼在哪里？狼在哪里？"一大群人有的拿着棍子，有的扛着锄头，气喘吁吁地问 。他们觉得很纳闷，因为并没有看到狼的影子。

"哈哈！根本没有狼，我是骗你们的啦！"牧童大笑着说。

原本怀着好意的村民知道受骗了，都非常生气，责备了牧童几句，就下山去了。看见大家气呼呼的样子，牧童觉得好玩极了。

几天后，牧童又想和大家开开玩笑。于是，他就像上次一样，对着山下大声喊：“啊！救命啊！狼真的来了，谁来救救我可怜的羊？我好害怕啊！”有了上一次被骗的经历，这次山下的村民个个你看看我、我看看你，犹豫了好一会儿，不确定要不要上山去救牧童和他的羊。

“这次又是恶作剧吧？”有的村民这样猜想着，因此并不打算去救他。但是牧童凄惨的喊叫声不断地从山上传来，一些善良的村民犹豫了一会儿之后，还是拿起工具再次奔上山去。

“不要怕，我们来了！狼在哪里？狼在哪里？”村民们一边警惕地观察周围的动静，一边问道。

“哈哈哈！你们真的好好笑啊，居然被骗两次！哪里有什么狼，你们真笨，又被我耍了，哈哈哈！”牧童捧着肚子笑得倒在地上。

“你这个爱说谎的孩子，真的是太过分了！”再一次

受骗的村民们非常生气，拿着工具就转身离开了。

然而，在一个风和日丽的下午，正当牧童像往常一样坐在树下数着羊时，一群饥饿的狼真的出现了。牧童吓得两腿发软，大声呼救。但是，不论他怎么喊怎么叫，就是不见半个村民上山来救他。牧童只好连滚带爬地逃下山去，他狼狈极了，连鞋子、帽子和背心都掉了。

“农夫伯伯，救救我的羊好吗？”牧童哀求道。

“我正忙着，没时间和你玩游戏！”农夫回答。

“木匠叔叔，救救我的羊好吗？狼真的来了。”牧童再次哀求道。

“你还没玩够吗？我再也不会被你骗了！”木匠斜着眼说。

“樵夫爷爷，求求你相信我，真的来了一大群狼，请你救救我的羊好吗？”牧童哭了起来。

“你这爱说谎的坏孩子，没有人会再上你的当了！”说完，樵夫便头也不回地走了。

搬不到救兵的牧童愣在一旁。山上，狼群把羊一只只都吃掉了。

数学时间·我来试试看

1 牧童带了好多羊上山吃草，请你帮他数一数，再回答问题。

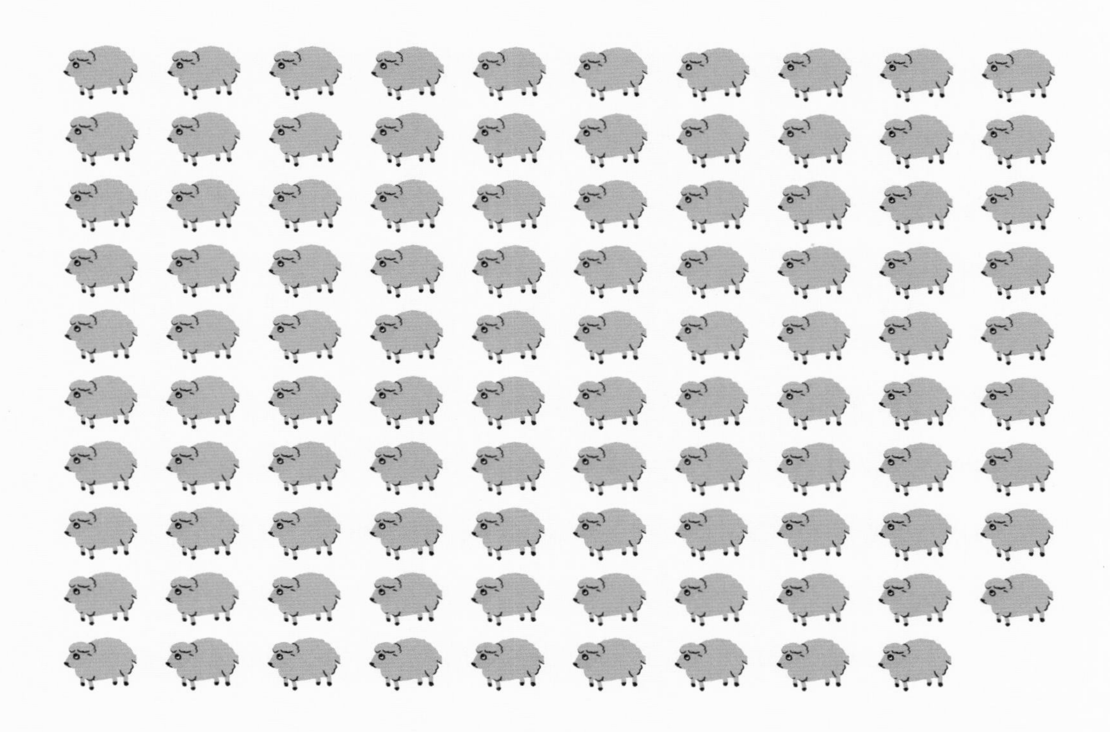

（1）上图中共有（　　）只羊。

（2）比 99 只羊多 5 只羊，是（　　）只羊。

（3）比 132 只羊多 8 只羊，应该是（　　）只羊。

（4）假如原本有 163 只羊，走丢 4 只羊，还有（　　）只羊。

（5）假如原本有 197 只羊，又有 3 只羊出生了，现在共有（　　）只羊。

2 牧童原本带了 200 只羊上山，但是这次真的遇到了狼群。

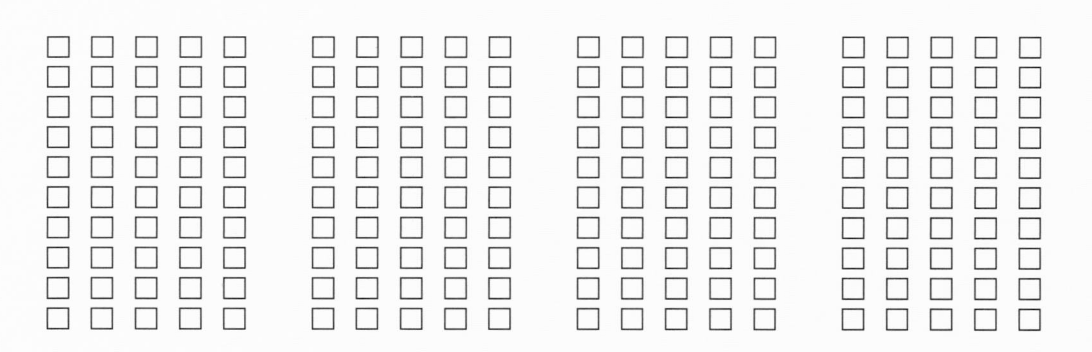

（1）当牧童跑下山去向农夫伯伯求救时，狼群已经吃掉了 65 只羊，请在上图中用红色笔圈出被吃掉的羊的数量。

（2）当牧童向农夫伯伯求救失败后，跑去向木匠叔叔求救。这时狼群又多吃掉了 78 只羊，请在上图中用蓝色笔圈出这次被吃掉的羊的数量。

（3）当牧童继续去找樵夫爷爷求救时，狼群已经把剩下的羊吃光了。请在上图中用绿色笔将这次被吃掉的羊的数量圈出来，同时请写出这次的算式。

❸ 如果牧童数数时，用 1 块石头代表 1 只羊，10 块石头装成 1 袋，10 袋装成 1 盒。请问：以下羊的数量各需用掉多少块石头？

1 块石头 = 1 只羊

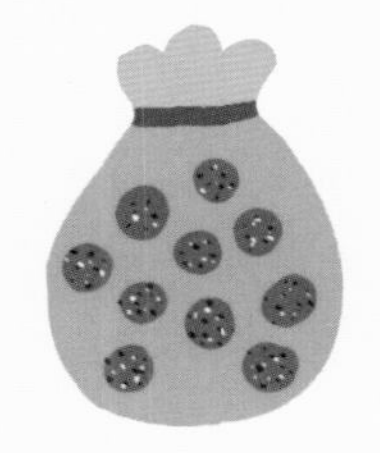

1 袋石头 = 10 只羊

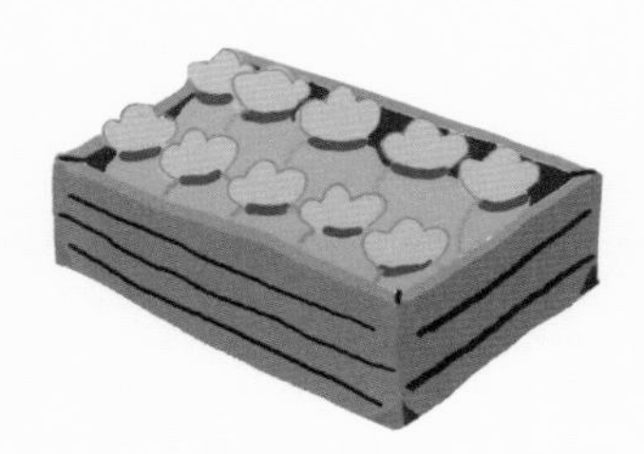

1 盒石头 = 100 只羊

（1）148 只羊 =（　　）盒（　　）袋又（　　）块石头。

（2）98 只羊 =（　　）盒（　　）袋又（　　）块石头。

（3）160 只羊 =（　　）盒（　　）袋又（　　）块石头。

（4）下图表示几只羊呢？（　　）只羊

（5）下图表示几只羊呢？（　　）只羊

4 如果牧童学会了用以下方式来表示羊的数目，请你写上适当的数字。

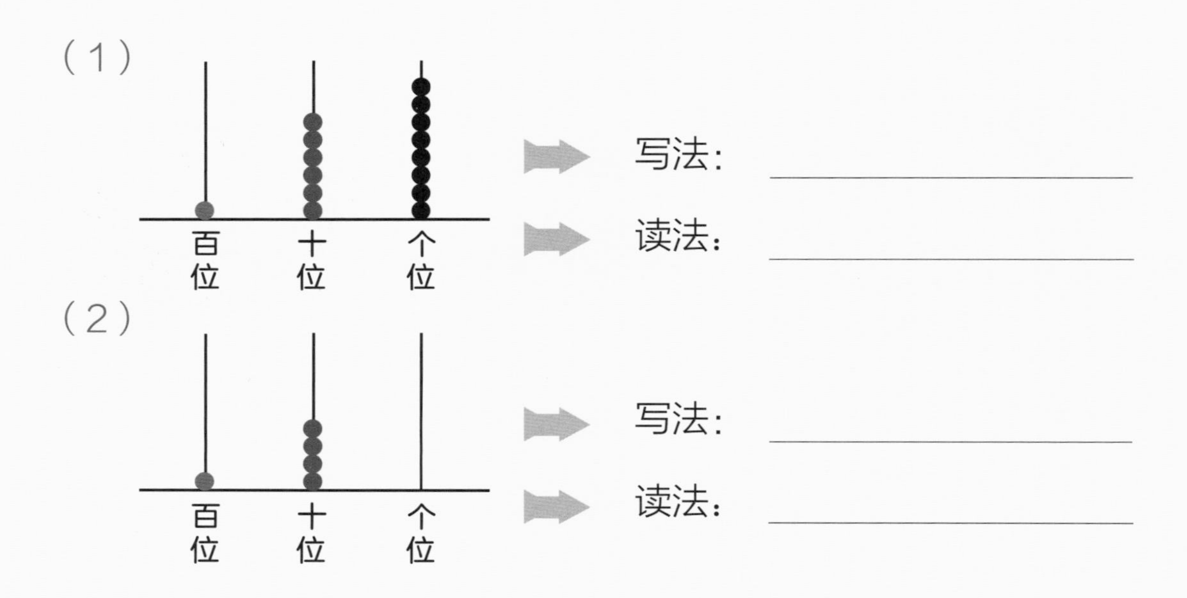

5 观察下列的数轴，再回答问题。

（1）不见的是几号羊？请填入（　）中。

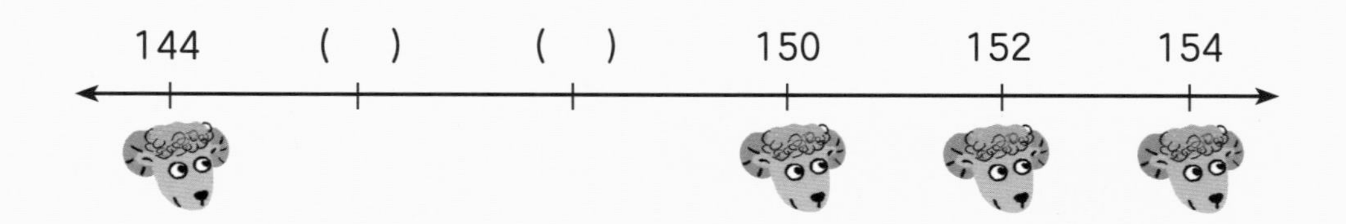

（2）数轴上的数字是表示哪两个编号之间的所有羊（勾选）？

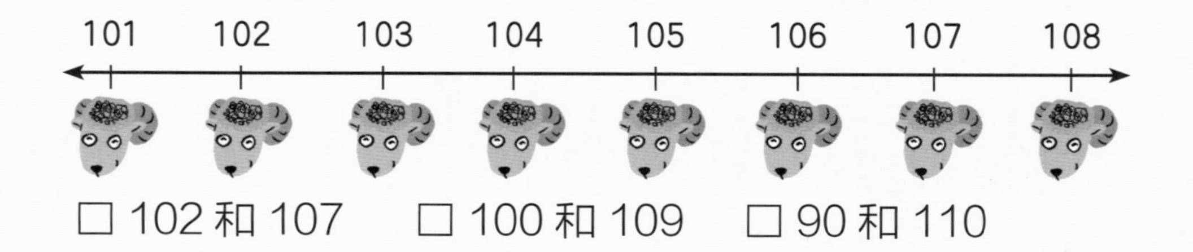

□ 102 和 107　　□ 100 和 109　　□ 90 和 110

头脑体操

101		103		105		107		109	
111	112	113	114		116	117	118	119	120
121	122	123		125	126	127	128	129	130
131	132		134	135	136	137	138	139	140
141		143	144	145	146	147	148	149	
	152	153	154		156	157	158	159	
161	162	163	164	165		167	168	169	
171	172	173	174	175	176		178	179	
181	182	183	184	185	186	187		189	
191	192	193	194	195	196	197	198		200

（1）请在 中填入数字，并说一说这些数字从左往右是如何变化的。

（2）请在 中填入数字，并说一说这些数字从上到下是如何变化的。

（3）请在 中填入数字，并说一说这些数字从上到下是如何变化的。

（4）请在 中填入数字，说说看这些数字从上到下是如何变化的。

建立 100~200 的数位顺序概念，并了解各个数字的排列位置是有其规则及意义的。

百以内数的加减：
通过 100 以内数的加减来解决问题。

2. 马和驴

以前交通不便时，人们常常用动物来载运货物。有一位商人，他拥有一匹马和一头驴。马是商人用较高的价格买来的，所以他对马的疼爱胜过驴。每当商人要赶往市集去做生意时，总是先往驴背上堆货物。等到驴背上再也堆不下了，他才会将剩下的货物放到马背上去。每次，驴总是被货物压得喘不过气来，而马则轻松地驮着较轻的货物。

有一天，商人又要赶往遥远的市集去做生意。但是这次路途非常遥远，而且要走一段又长又崎岖的山路。走了几天后，驴已经筋疲力尽了。

“马大哥，请你帮个忙，替我驮一些货物好吗？我觉得很累，很不舒服……”绕过第一个山头后，驴开口对马说。

“你开什么玩笑！我是高贵的动物，怎么能驮太重的东西呢？更何况我也累得要命，哪来的力气帮你的忙？”

马斜眼看着驴，不耐烦地说。驴看马不肯帮忙，只好拖着沉重的步伐继续往前走。

但是在翻过下一个山头后，驴觉得更不舒服了。它满头大汗，身体也开始颤抖。驴用非常虚弱的声音再次恳求说：“马大哥，求……求你帮帮忙，我这次真的撑不住了！我……我……快喘不过气来了……请你帮我驮

一些货物好吗？一部分就好……”然而，马只是自顾自地在前面走着，装作根本没听见驴的苦苦哀求。过了不久，忽然传来“砰”的一声，驴再也撑不住，倒在地上死了。

“伤脑筋，我正在赶路啊！”商人一看这种情形，喃喃自语道。他只好将原本驮在驴背上的货物全都搬到马的背上来。“驴皮也值一些钱，不能白白扔掉……”于是，商人将死掉的驴也一起放到马的背上去。

“早知如此，我一开始就该帮驴小弟的忙。”马懊悔地说，“如今落得这种下场，我算是自食恶果了啊！”

数学时间·我来试试看

1. 商人在驴背上放了 58 包花生米，在马背上放了 23 包花生米。请问：商人打算带多少包花生米去市集卖？

2. 商人共有 61 包玉米，他将 45 包玉米放在驴背上，剩下的放在马背上。请问：放在马背上的玉米有多少包？

3. 商人共有 87 包豆子，他将一些豆子放在驴背上后，再将 39 包豆子放在马背上。请问：他在驴背上放了多少包豆子？

4 商人出发前他的货物记录如下表所示。

（1 格代表 5 包玉米）

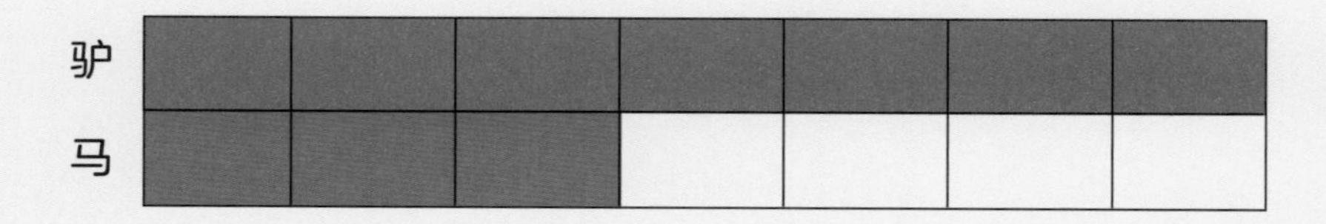

（1）驴驮了（　　）包玉米，马驮了（　　）包玉米。

（2）如果驴的体重刚好等于 50 包玉米的重量，那么，当商人将死掉的驴和驴背上的货物都堆到马背上后，马背上的东西的全部重量等于多少包玉米的重量呢？请写出你的算法。

❺

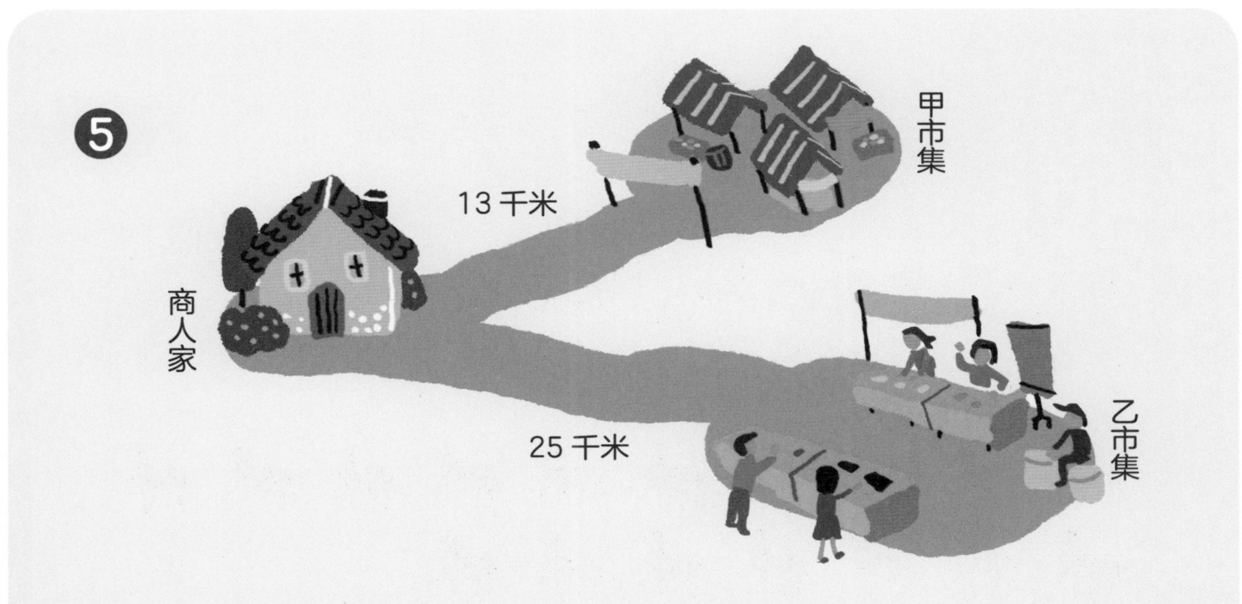

商人一大早从家里出发到甲市集去做生意，中午从甲市集回到家里后，下午又再出发到乙市集去。请问：商人共走了多少千米的路呢？请用“竖式”列出计算过程。

头脑体操

1 看图填充算式：有几种不同的可能请写下来。

（1）

a. ______ + ______ = ______　　b. ______ + ______ = ______

c. ______ − ______ = ______　　d. ______ − ______ = ______

（2）

a. ______ + ______ = ______　　b. ______ + ______ = ______

c. ______ − ______ = ______　　d. ______ − ______ = ______

“图形”也是广义的文字。本题借由图形的呈现，让孩子推论出题目可能要表达的算式。此类型题目将有助于孩子跳脱文字的束缚，了解加法与减法的紧密相关性。

2 看数轴，再勾选出数轴所代表的算式。

（1）

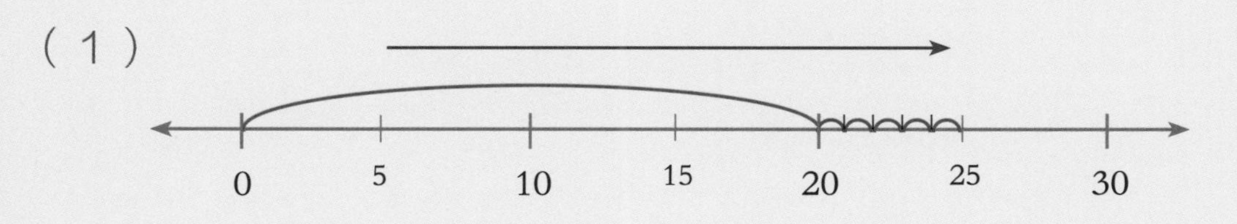

□ 20−10＝10　　□ 20＋10＝30

□ 20＋5＝25　　□ 10＋10＝20

（2）

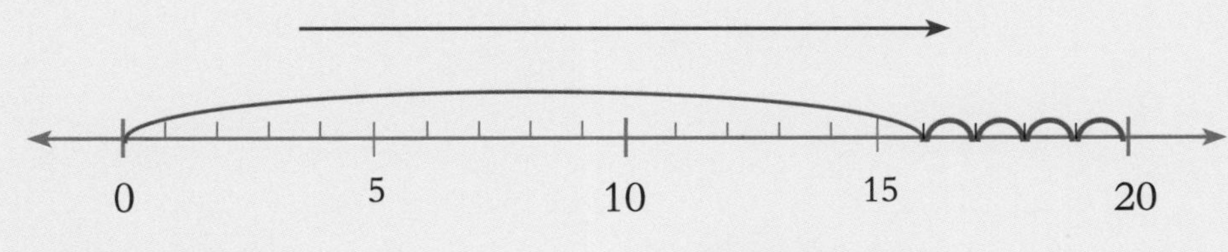

□ 15−4＝11　　□ 20−15＝5

□ 16−15＝1　　□ 16＋4＝20

（3）

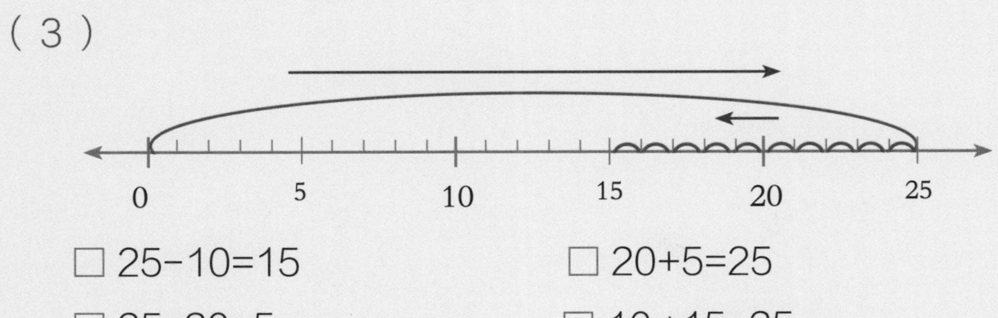

□ 25−10＝15　　□ 20＋5＝25

□ 25−20＝5　　□ 10＋15＝25

“画图”确实有助于孩子定义题目及了解题目，许多孩子在固定程序的应用题中能轻松地列出算式，却无法了解此算式在数轴上应如何表示，这样的学习是无法让孩子将知识完整地融会贯通的。如何以数轴记录出想要表达的算式，是本单元的学习重点。

分类比较：

比较重量与容量；

等量代换

3. 狐狸请客

狐狸在路上遇见了鹤，于是邀请鹤到家里去吃饭。鹤看到狐狸一副热情又诚恳的样子，就高高兴兴地答应了。

第二天，鹤盛装打扮，按照约定来到狐狸家做客。屋子里香喷喷的味道，让鹤的肚子不知不觉也饿了起来。但是当鹤坐下准备用餐时，才发现满桌的美食全都是用浅浅的平底盘装着的。

“鹤小姐，满桌的山珍海味全都是为你准备的呢！尽管吃，别客气！”狐狸一边说，一边津津有味地吃了起来。鹤的肚子咕噜咕噜地叫着，却一口也吃不到，因为她尖尖的嘴巴根本无法吃到浅盘中的食物！

鹤的心中很不是滋味，她心想：“明知道我的嘴巴长长的，还故意用这种盘子装食物，分明是要看我的笑话……”鹤的心里虽然气呼呼地埋怨着，但也没有其他方法，只好苦笑着看狐狸将桌上的食物吃个精光。

“鹤小姐，你真是客气，我都吃饱了，你却连一口也没吃……”狐狸得意地笑着对鹤说。

鹤知道狐狸是故意捉弄她，所以她冷静又优雅地对狐狸说："真谢谢你今天丰盛的招待！为了感谢你，下个星期我生日那天，你是不是也能来我家做客呢？"狐狸心想："这么好的事情怎么可以错过呢？"于是，他就和鹤约好了下周见面的时间。

到了约定的日子，狐狸等不及提早来到鹤的家门口。打开门，一阵阵香喷喷的烤肉味飘了出来。"好香，赶快请我进去坐吧！"狐狸催促着鹤说。

"这边请，我也准备了丰盛的食物呢！"鹤说。但是，当狐狸坐下来准备开吃时，才发现他根本吃不到任何鹤准备的食物，因为所有的餐具都是窄口的长颈瓶！

"狐狸大哥，你也别客气，这顿饭可是我特意为你准备的呢！"鹤喜滋滋地吃着瓶中美味的食物。狐狸这时才觉得很难堪，羞得脸都红了。

"鹤小姐，上周我这样捉弄你，很对不起……我实在不该开这种玩笑的……"狐狸低着头说。

鹤看狐狸已经受到了教训，而且诚心诚意地道歉，就说："希望你以后不要再以捉弄别人为乐，因为这样是没有人喜欢和你做朋友的！"

接着，鹤和狐狸就一起将食物用适当的餐具分装。过了不久，门铃响了，原来是森林中其他的动物们也带着大大小小的礼物来了，大家早就约好了要一起为鹤庆祝生日。

一整个下午，森林中的这座小木屋，都充满了动物们快乐的笑闹声。

数学时间 · 我来试试看

1 圈圈看。

（1）鹤小姐想要找个东西来装果汁。请问：她用下面哪些容器来装会比较合适呢？

（2）狐狸大哥想要找个东西来装饼干。请问：他用下面哪些容器来装会比较合适呢？

❷ 估估看。

（1）如果鹤的罐子可以装 120 颗糖果，那么你觉得狐狸的罐子大约可以装多少颗?

鹤的罐子

狐狸的罐子

☐ 250 颗

☐ 150 颗

☐ 50 颗

（2）如果狐狸的盒子可以装 50 个苹果，那么你觉得鹤的盒子大约可以装多少个苹果?

50 个

狐狸的盒子

鹤的盒子

☐ 75 个

☐ 25 个

☐ 100 个

❸ 鹤分别为每只动物准备了果汁，请将容器中装的果汁按由多到少的顺序排列（请在括号中填入代号）。

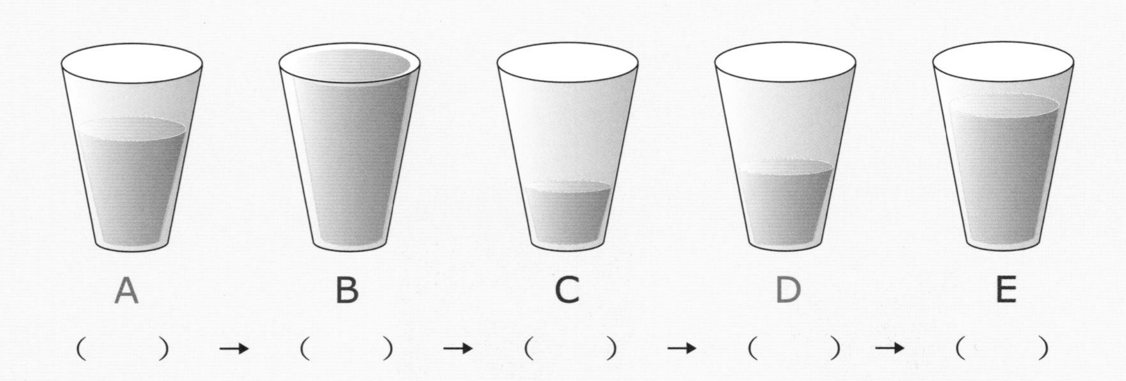

（　　）→（　　）→（　　）→（　　）→（　　）

❹ 下面的杯子里原本就装了一些果汁，如果狐狸要替大家将每个杯子中的果汁都加满，请将每个杯子中需加满的部分用红色的笔画出来，并回答哪个杯子需加得最多、哪个杯子加得最少。

答：（　　）杯子加得最多，（　　）杯子加得最少。

❺ 参加生日聚会的动物一起玩游戏，你看得出它们重量的不同吗？请给最重的动物打✓、最轻的动物打 ×，如果一样重就全部打○。

（1）跷跷板

（2）齿轮题

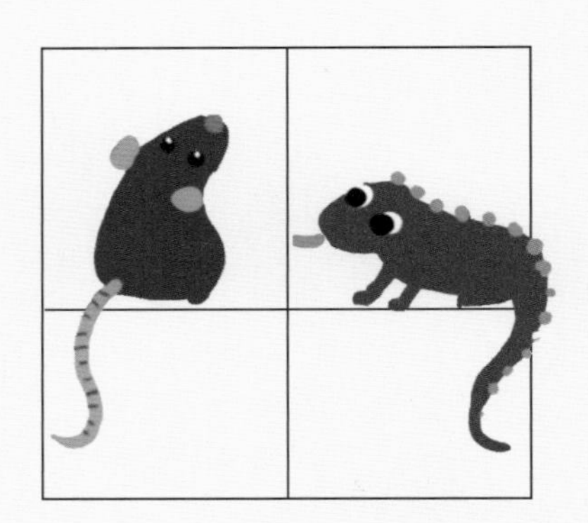

（3）弹簧题

头脑体操

1 根据提示回答问题。

（1）

请在较重的物体下方打✓：

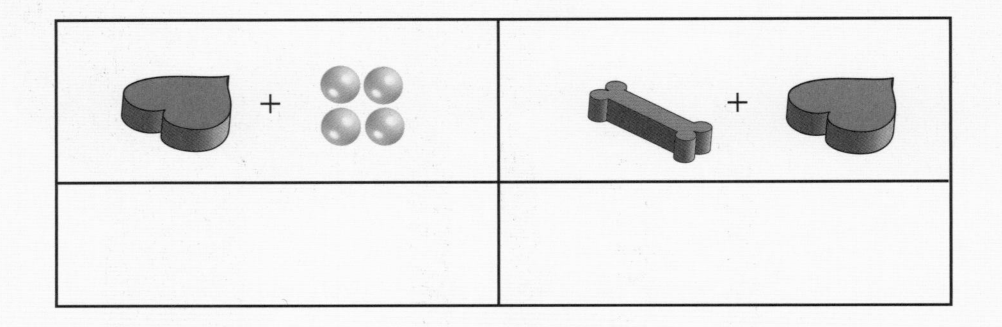

（2）由以下两个图可以得知：

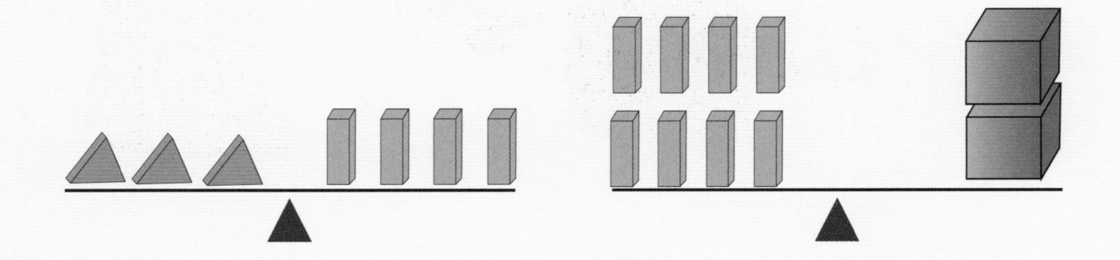

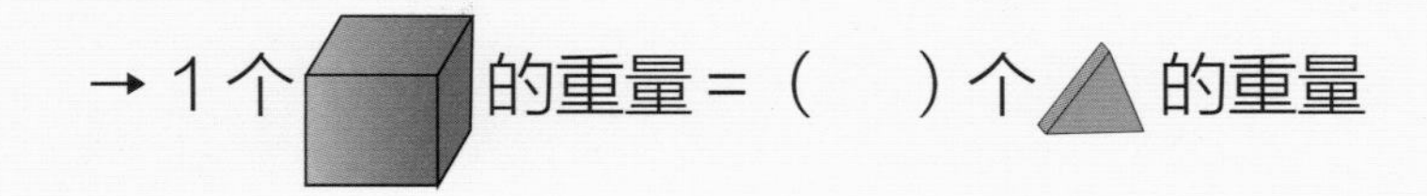

（3）

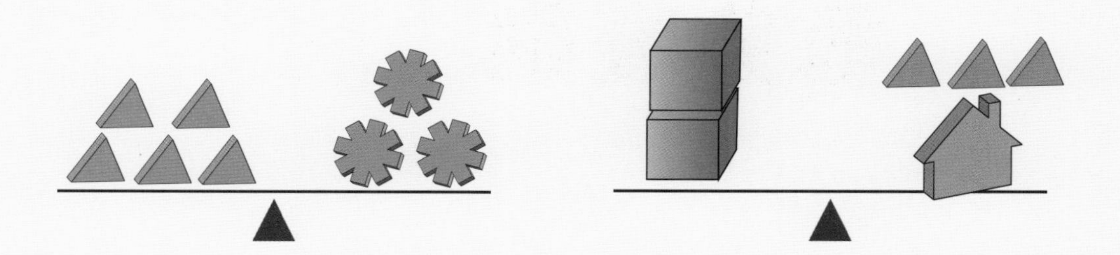

由以上两个图可以得知：

a. 1个 [house] 的重量 =（　　）个 [triangle] 的重量

b. 1个 [cube] 的重量 =（　　）个 [triangle] 的重量

本组题型是“单一组”重量比较的延伸类型，属于“逻辑”思考训练。经由一组的比较，延伸至两组甚至三组的比较。

长度：
认识厘米与米；
探索规律。

4. 龟兔赛跑

兔子一直以自己健步如飞的好身手而自豪，尤其是当他看到速度慢得离谱的乌龟时，更是得意得连耳朵都竖起来了。有一回，当大伙儿在一块儿聚会聊天时，兔子仍旧像往常一样不断地嘲笑着乌龟。

“我说龟小弟呀，不如我们来场比赛吧！我看等我到达终点时，你的第一步可能都还没迈出去呢！哈哈哈……”

脾气一向很好的乌龟，再也忍不住了，他说：“兔大哥，那么我们就来场比赛吧！看看我是不是真的像你说的

一样速度这么慢，你觉得如何？”

虽然很意外乌龟会向自己挑战，但是兔子仍然很高兴，终于有机会能在大家面前证明自己是赛跑高手了。于是，他很痛快地答应了。“乌龟真是不自量力，别说跑步的速度了，我的身高就不知比他高多少了呢！”兔子心想。

到了比赛那天，森林里的动物全都来了。土拨鼠爷爷郑重地介绍了参赛选手，也公布了比赛路线图。接着，公鸡叔叔啼叫了一长声，挥下旗子后，比赛就正式开始了。不一会儿，兔子就跑没影了，而乌龟还在后面奋力地爬着。

虽然大家都知道乌龟的胜算不大，却都拼命地为乌龟加油，因为乌龟的勇气和耐力确实令大家非常佩服。

“真是一个大笑话，从来没听说过乌龟敢和兔子赛跑，真是自取其辱！”兔子边跑边得意地想着。这天，阳光正好，兔子正巧来到树林边。

“哼！等我在树下睡个午觉醒来，龟小弟都不会超过我！”于是，兔子跑到树下休息起来。软绵绵的草地，凉爽的树荫，兔子打了几个哈欠之后，就不知不觉地睡着了。

乌龟仍旧不放弃地在后面追赶，他一直相信只要自己不放弃，没有什么事是完不成的。一路上，他的朋友都来为他加油，燕子姐姐为他擦汗，松鼠弟弟给他递饮料。当大家看见熟睡中的兔子时，没有人愿意去叫醒他。因为兔

子平时就喜欢嘲笑别人，自然也没有人肯帮助他。

终于，乌龟到达了终点，一大群为龟小弟欢呼的动物挤满河岸边。“龟小弟，你真是太了不起了！”猫头鹰爷爷正式宣布乌龟胜利的消息。大家兴奋地将乌龟高高地抬起。这时，兔子才从睡梦中惊醒，他远远地看到这一幕，连剩下的路程都没走完，就羞愧地躲回家里去了。

至今，兔大哥都还不愿意承认自己的失败是由于自己太骄傲。每当他对子孙们谈起这场有名的“龟兔赛跑”时，总是说：“爷爷当初之所以输了这场比赛，其实是因为那只龟小弟龟壳上的花纹让我眼花缭乱哪……”

数学时间·我来试试看

1 下面这张图是土拨鼠爷爷公布的比赛路线图。请你量一量每一段的长度，并填入括号中。

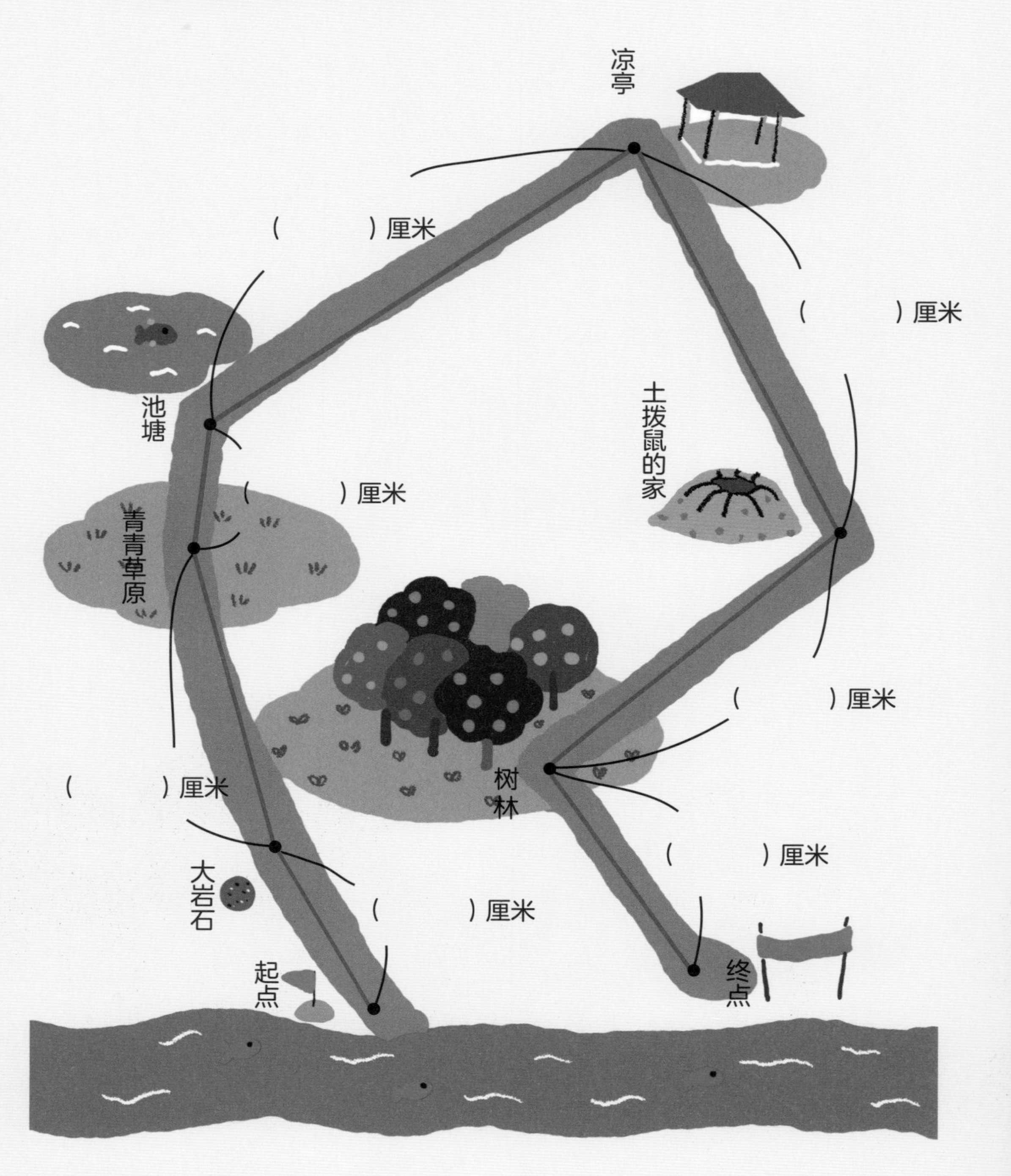

2 如果路线图上的实际距离是如右图中所标记的，请回答下列问题。

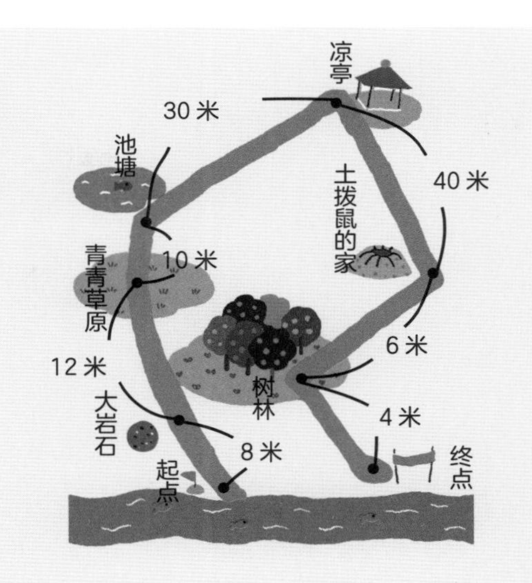

（1）兔子跑到“凉亭”时，乌龟才爬到“大岩石”。请问：兔大哥和龟小弟的距离相差多少？

答：（　　　　　　　）米

（2）乌龟爬到“青青草原”时，兔子跑的距离是它的 5 倍，请问：这时兔子在哪里？

答：（　　　　　　　）

（3）兔子在“树林”下休息时，乌龟才爬到“池塘”。请问：兔子比乌龟多跑了几米？

答：（　　　　　　　）米

❸ 看图填一填。

（1）下面这张图表示乌龟爬一步的距离。请问：乌龟每爬一步是几厘米？

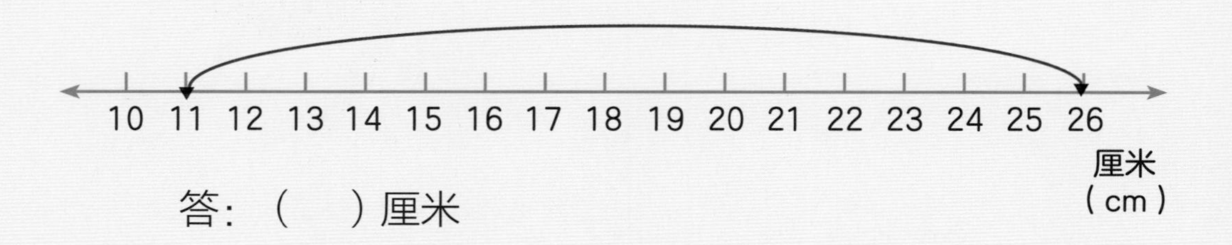

答：（　　）厘米

（2）下面这张图表示兔子跳一次的距离。请问：兔子跳一次是几厘米？

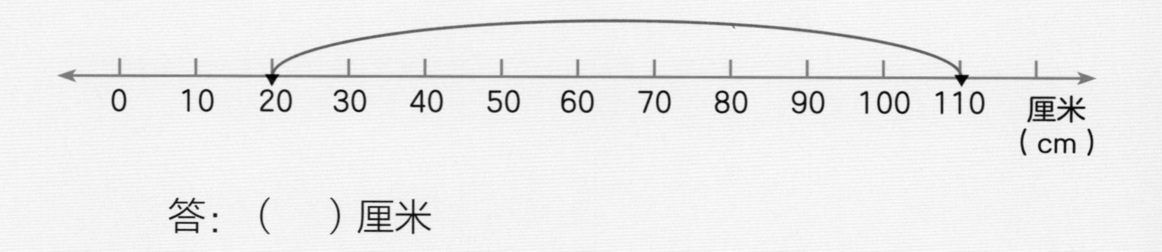

答：（　　）厘米

（3）接（1）（2）题。请问：乌龟要爬几步才会和兔子跳一次的距离相同呢？

答：（　　）步

4 如果下图中的树正好是 1 米（100 厘米）的高度，那么树旁边的这些动物最有可能的身高是多少呢？连连看。

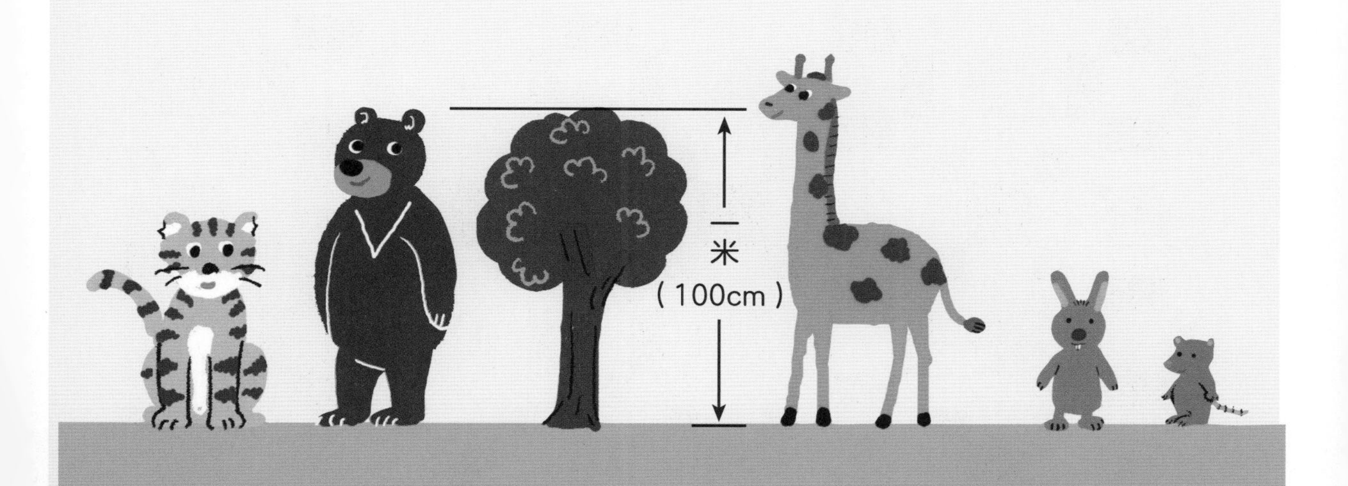

100 厘米　　120 厘米　　30 厘米　　50 厘米　　70 厘米

头脑体操

❶ 下图是乌龟壳上的花纹，你是不是和兔子一样眼花缭乱了呢？请你继续完成方格纸中剩余的部分。

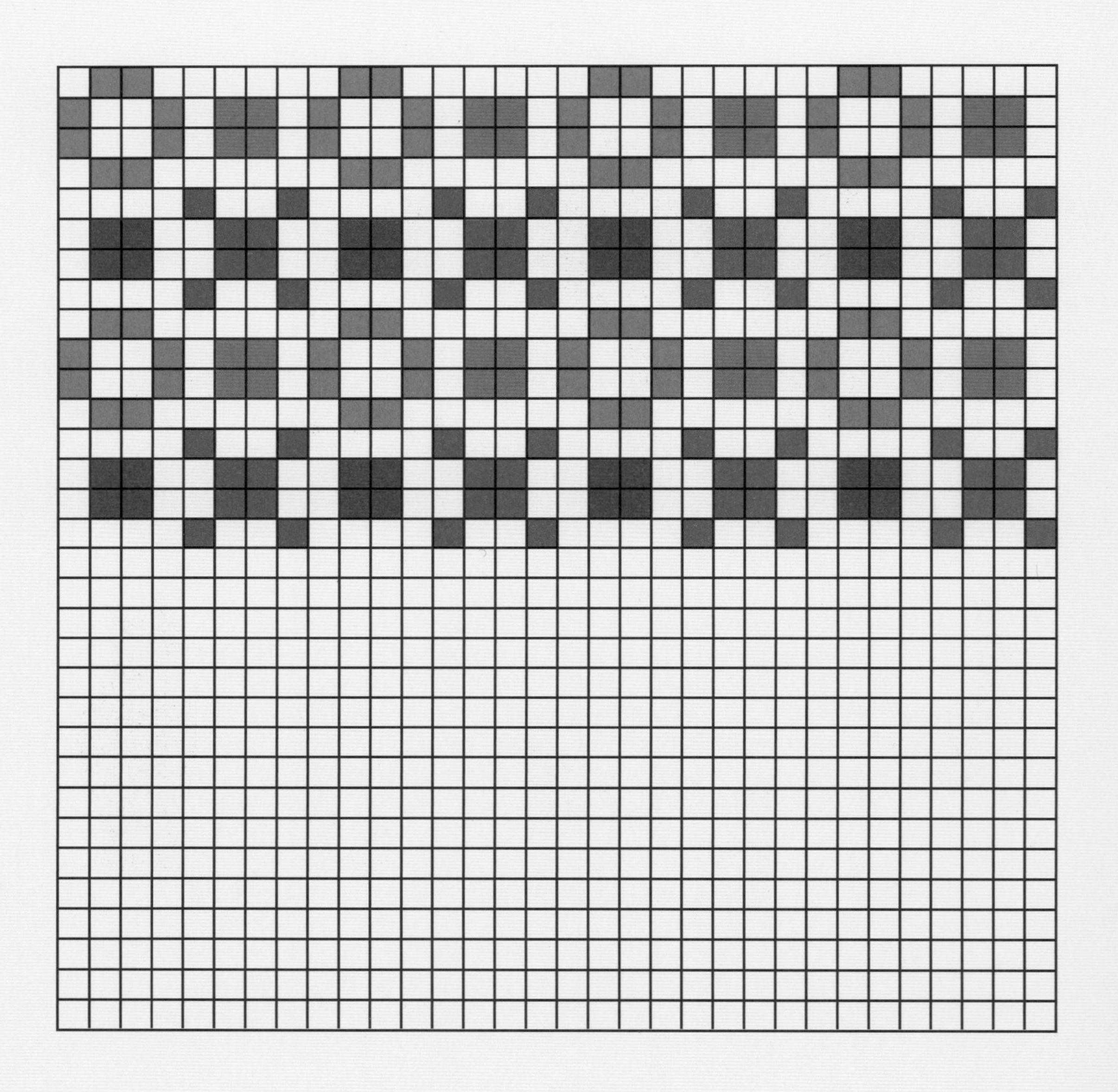

本题型可训练孩子找出图形中的规则，进而灵活地运用。这类题型是促进视觉运动神经及精微的运动神经方面的练习，对在此方面的能力较弱的孩子会有帮助。

❷ 乌龟有 5 个要好的朋友站在河边为它欢呼。它们的位置如下：鸡和鼠的中间只有猪，羊站在狗的左边，狗站在鼠的左边，鸡在队伍的最右边。请问：这 5 种动物各代表哪个字母呢？

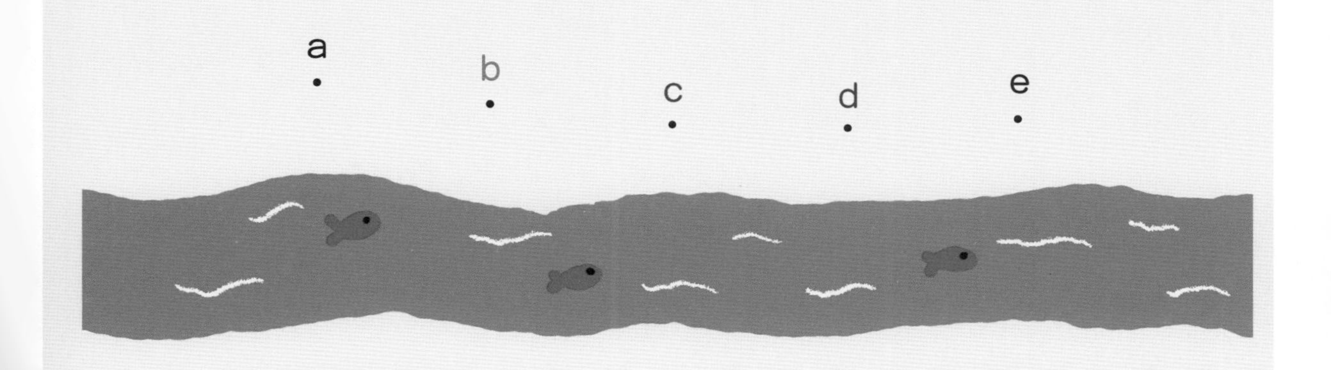

答：鸡是（　　），鼠是（　　），

猪是（　　），羊是（　　），

狗是（　　）

根据位置比较的文字描述，让孩子分析题意以求出符合条件的未知数。此题型将有助于孩子的逻辑思考，属于可以训练孩子文字阅读能力的题型。

认识时间：
12 时和 24 时；
计时法

5. 公鸡与女仆

从前，有一个既勤劳又富有的布庄女主人，她家里有许多女仆。每天早晨，只要公鸡一啼叫，女主人一定立刻把每一位女仆都叫起床，并催促她们开始一天的工作。煮饭的煮饭，打扫的打扫，织布的织布，女仆们除了周末可以稍微休息一下，总是有忙不完的工作。

有一天，女主人像往常一样将女仆们从睡梦中叫醒。但是这天天气特别冷，被窝里显得特别暖和，所以女仆们觉得要从被窝中爬起来工作格外痛苦。她们心里都埋怨着女主人，但是谁也不敢向女主人抱怨，因为女主人自己也是一早就起床里里外外地忙着，丝毫不偷懒。这时，其中一个女仆提议，不如去找公鸡商量商量，如果它愿意每天晚一点啼叫，她们就多给它一点食物。

公鸡答应了女仆们的请求，每天啼叫的时间比以前晚了一些，而女主人并未发觉。但女仆们并未因此而满足，她们又给了公鸡更多的食物，并再次请求它将啼叫的时间再往后延一些。公鸡心里虽然觉得不妥，但看见女仆们给的丰盛食物也就答应了。就这样，公鸡啼叫的时间一而再、再而三地往后挪，女仆们变得越来越懒惰，公鸡也胖得不像话了。

直到有一天，天都亮了公鸡还没有啼叫，害得女主人错过了一个非常重要的会议。于是，她发现了公鸡与女仆们联合起来欺骗她的事。

“把这只鸡给我抓出去杀了，因为它已经肥得可以熬汤了。至于你们这些偷懒的仆人呀……”女主人生气地说，“我会买一个准时的闹钟，让你们每天准时起床。而且从现在开始，你们没有周末的假期了，因为你们必须加倍偿还之前偷懒的时间，以及我赶不上会议所带来的所有损失！”

数学时间·我来试试看

1 勾选出正确的时间。

（1）女主人起床时，时钟上的短针指在 4 和 5 之间，长针和短针重叠在一起。请问：哪个时间最有可能是这时候的时间?

☐ 4 时 22 分　☐ 3 时 23 分　☐ 5 时 30 分

（2）女主人吃午餐时，时钟上的短针在 12 和 1 之间，长针指着 6。请问：哪个时间是正确的?

☐ 12 : 00　☐ 6 : 03　☐ 12 : 30

（3）钟面上的分针不见了，你能替女主人猜出这时最有可能的时间吗?

☐ 8 时 30 分

☐ 7 时 5 分

☐ 3 时 40 分

❷ 请你按照提示填入正确的时间，再按要求画出钟面上的时针与分针。

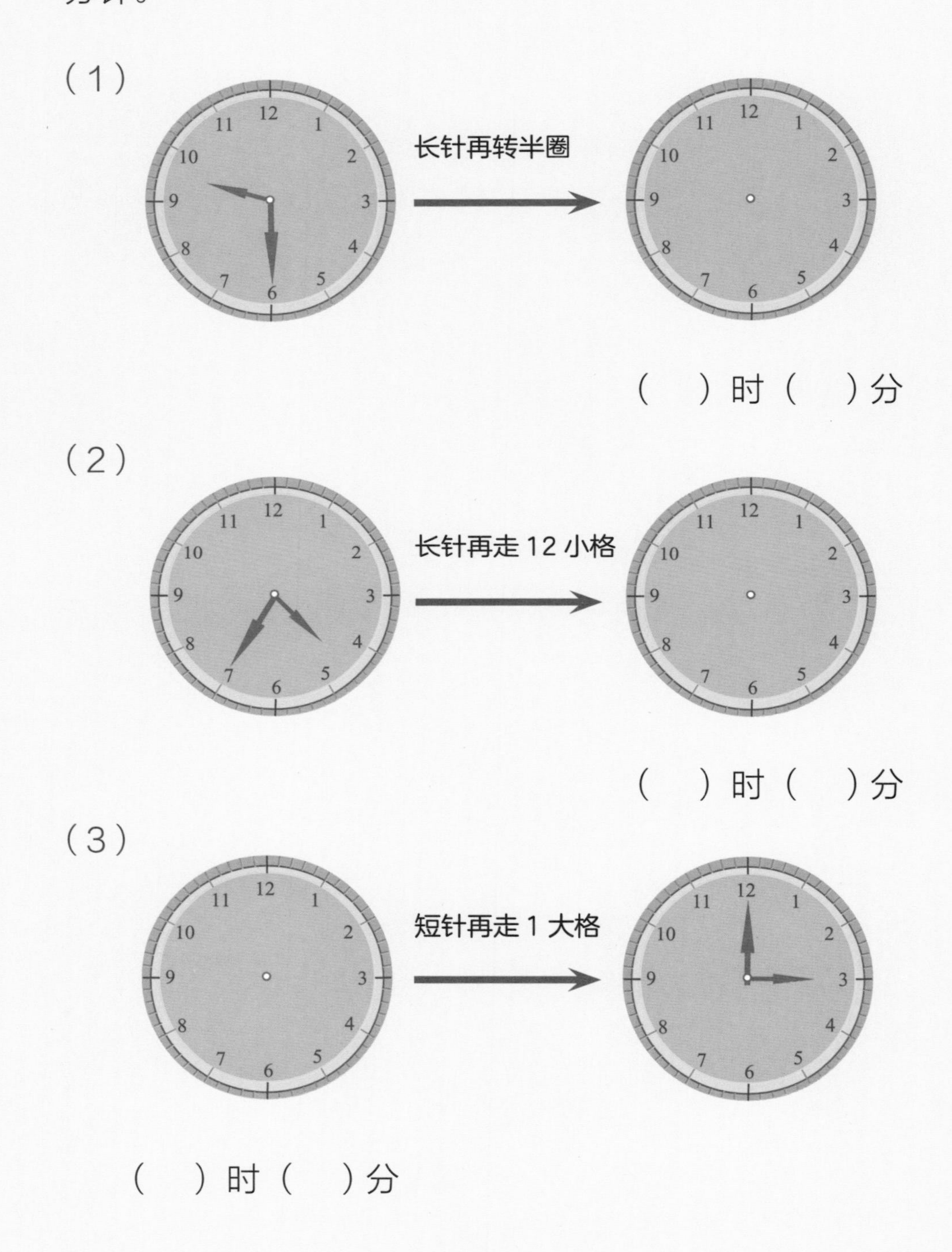

❸ 看时钟填入时间，再按照时间先后顺序在□中填入 1、2、3、4。

头脑体操

❶ 时间变化的规律。

（1）请按照以下规则，给其余的时钟画上时针与分针。

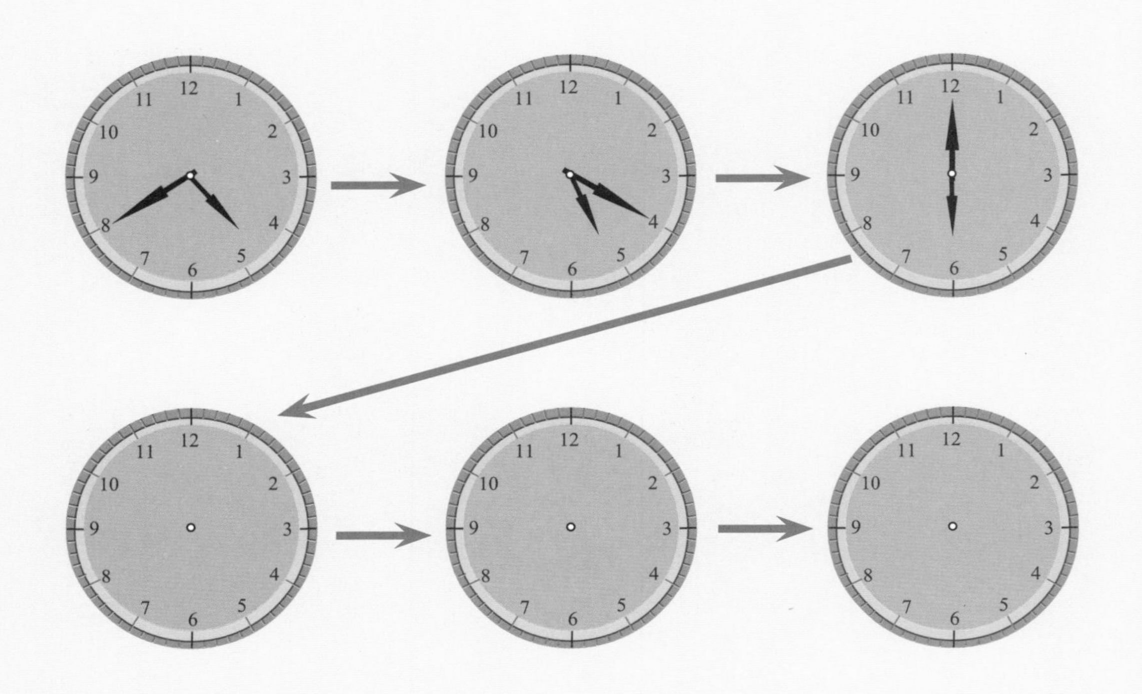

（2）请按照规则填上时间。

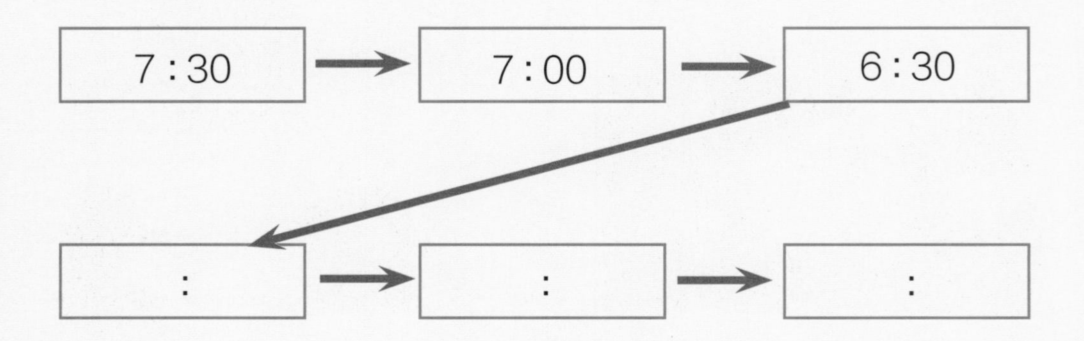

此题型结合时间的概念，让孩子练习寻找规律。

② 你会写电子表上的时间吗？试试看吧！

范例：

早上 6 点 25 分

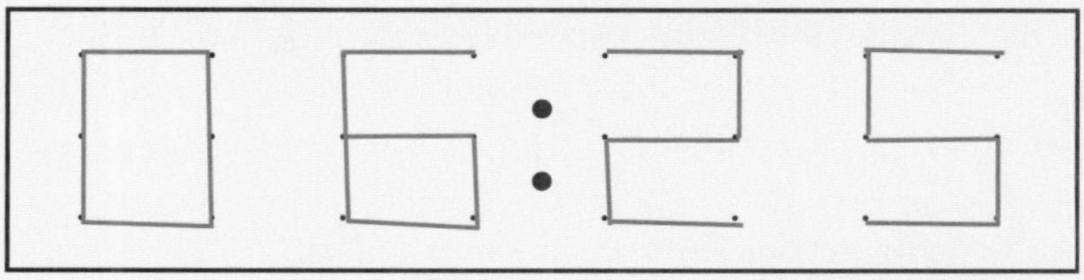

06:25

我来试试看：

早上 7 点 49 分

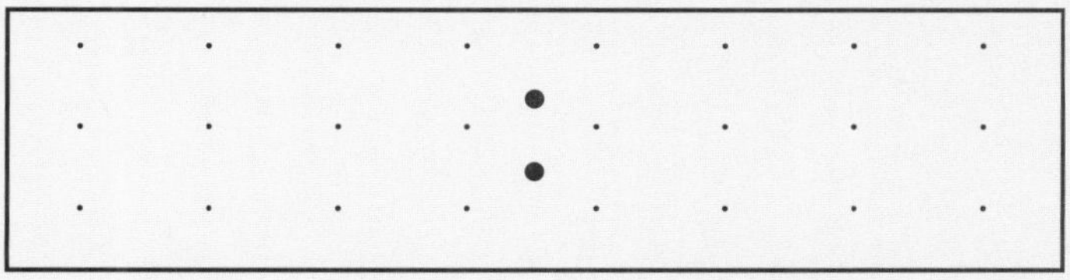

范例：

中午 12 点

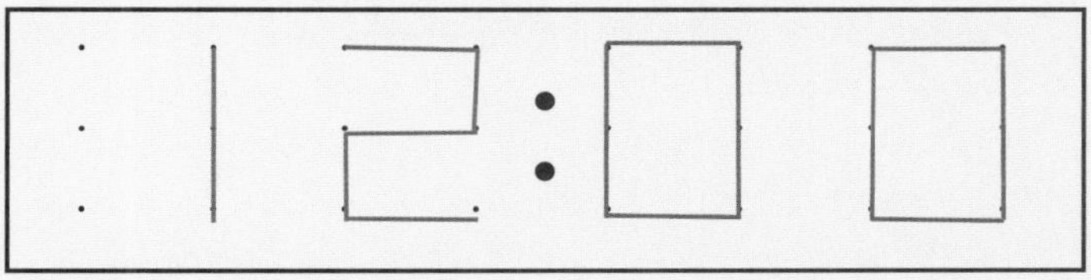

12:00

我来试试看：

中午 12 点 59 分

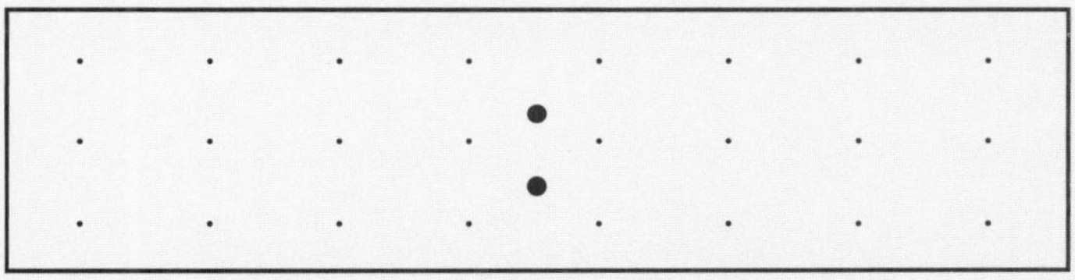

范例：

下午 6 点 36 分

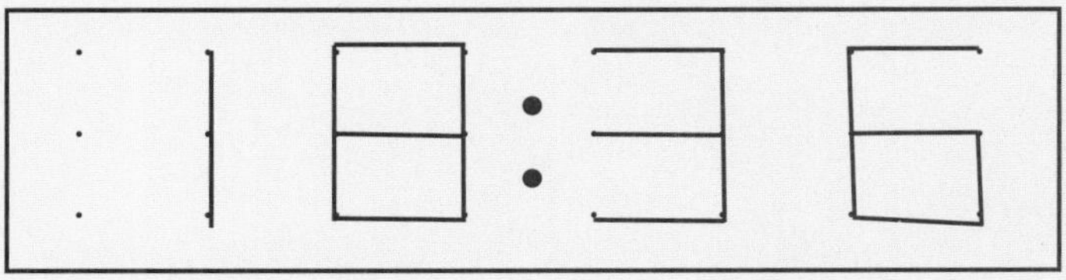

18:36

我来试试看：

下午 7 点 17 分

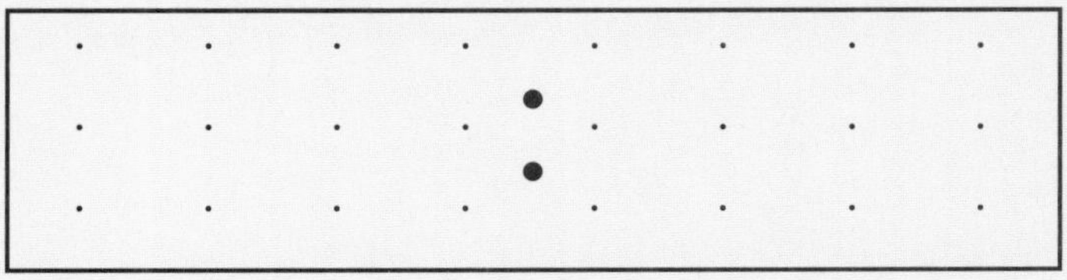

此题型结合电子表数字的习写方法，让孩子在视觉观察方面能更加细致。

倍数与分类整理：

分类整理；

笔算乘法；

认识方向与位置

6. 下金蛋的母鸡

有一对农村夫妇，他们每天下地辛勤地劳作，同时还养了一些鸡、鸭、鹅等家禽，好为生活多赚取一些额外的收入。生活虽然过得很辛苦，夫妇俩却是既满足又快乐的。

然而有一天早上，发生了一件奇怪的事。当他们像平时一样到鸡舍整理时，竟然发现其中一只鸡下了一颗闪闪

发光的金蛋，夫妻俩喜出望外。

“一定是老天怜悯我们，赏赐给我们的意外惊喜！”农妇双手合十地说。他们将这颗金蛋视为上天赏赐的宝物，并决定立刻拿到市场上去卖。

他们到了市场上之后，金蛋立刻吸引了来来往往的人的目光，消息传遍了整个村子，甚至当地电视台也来采访，夫妇二人从来不曾如此风光过。不久之后，他们发现上天给的祝福不只是“一颗金蛋”而已，而是“一天一颗金蛋”。于是，村里的人纷纷拿着家里值钱的东西想要来

和农夫换一颗“金蛋”。因为这只鸡和它下的金鸡蛋，这对农村夫妇越来越富有。

他们甚至不用再辛苦地劳作了，因为拿着值钱物品在屋外等待换金蛋的人可是一直排着长龙呢！夫妇二人只要在家里等着母鸡下金蛋就足够了。

这样过了一段时间，夫妇二人变得既懒惰又没有耐心。他们总是想着要拿下一颗金蛋和哪个人换哪样值钱的东西会比较好，甚至因为这个问题俩人常常吵架。

直到有一天清晨，当他们到鸡舍又捡起一颗金蛋时，农夫终于不耐烦地说：“一天下一颗金蛋实在是太少了，我们真该想想这只鸡为什么能下金蛋。我猜想，它的肚子里一定装满金子吧！”

妻子听了也觉得非常有道理，就说：“那么，我们就把它杀了吧！一次拿很多金子，总比一天天地等着金鸡蛋来得快。”说完，夫妇俩就用一把锋利的菜刀，将这只会下金蛋的鸡给杀了。

现在，夫妇二人真的不用再为每天一颗金蛋该换什么伤脑筋了，因为当他们迫不及待地打开鸡肚子时，鸡的肚子里，除了一些鸡该有的器官之外，什么都没有。他们既失望又后悔，因为别说什么很多金子了，就连每天一颗的金蛋，他们也失去了！

数学时间·我来试试看

1 金鸡蛋换进口红苹果。

（1）王大婶拿了 4 箱苹果来和这对农村夫妇交换 1 颗金鸡蛋。如果每个箱子里有 8 个超甜又超大的高级进口苹果，那么王大婶共拿来了多少个苹果？

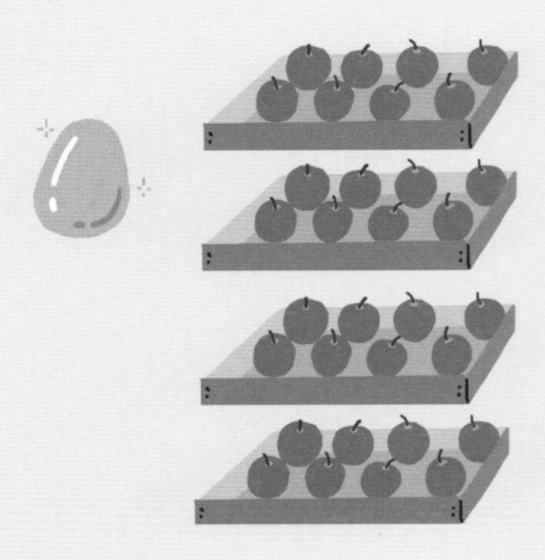

答：（　　）个苹果

1 箱苹果 =（　　）个苹果

2 箱苹果 =（　　）个苹果

3 箱苹果 =（　　）个苹果

4 箱苹果 =（　　）个苹果

（2）接上题，如果这对农村夫妇觉得 4 箱苹果并不够，希望再多 3 箱。请问：这对农村夫妇希望得到多少个苹果？

答：（　　）个苹果

4 箱苹果 =（　　）个苹果

3 箱苹果 =（　　）个苹果

总共是（　　）个苹果

（3）接上题，王大婶说她没有这么多的进口苹果。除了 4 箱整箱苹果之外，只剩下 20 个，她愿意全部拿来换金鸡蛋。请问：王大婶所有的苹果是几箱又几个苹果呢？

答：（　　）箱又（　　）个苹果

4 箱苹果

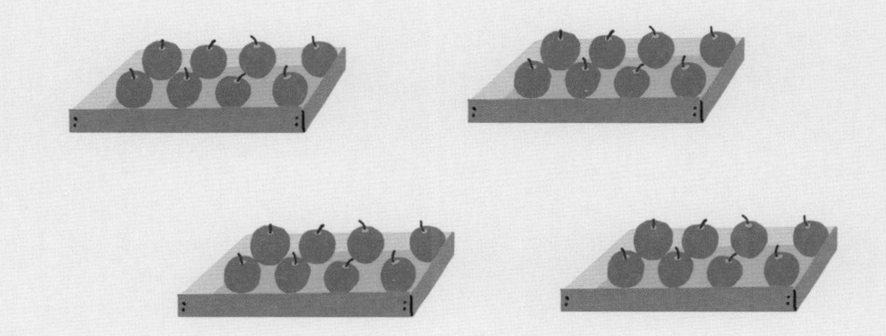

20 个苹果

=（　　）箱又（　　）个苹果

总共是（　　）箱又（　　）个苹果

2 下图是这对农村夫妇从田里摘回的各种水果，请你帮他们数一数并记录下来。

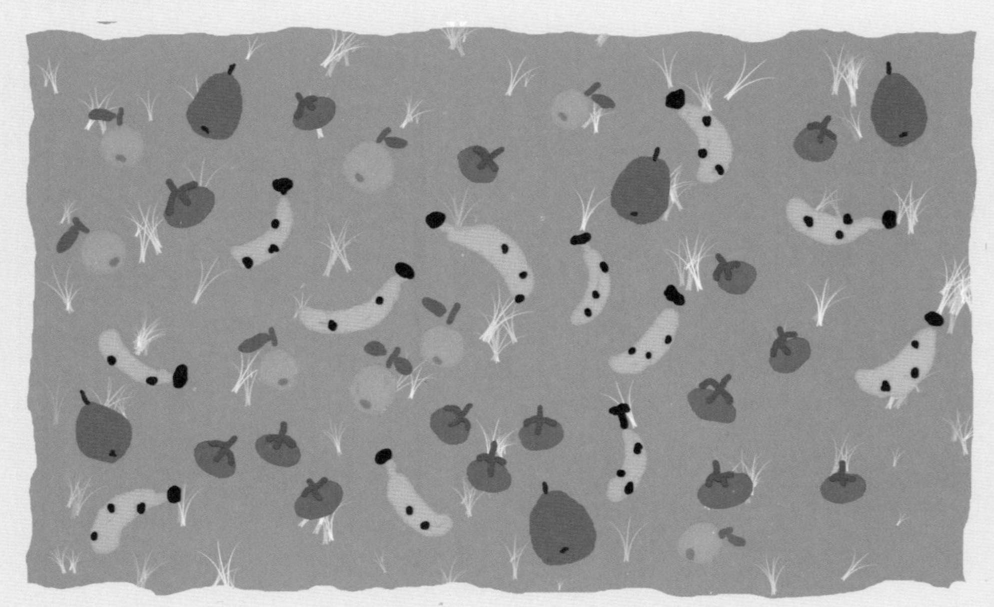

	画“正”字	画记号	计数
西红柿			
香蕉			
橘子			
番石榴			

头脑体操

请圈出正确答案。

（1）小明的钱的 3 倍等于小英的钱的 2 倍，那么小明的钱比小英的钱多。

→ 

（2）阿花的钱比阿利的钱多 4 倍，所以阿花的钱是阿利的钱的 5 倍。

→ 

（3）★没有一个人不喜欢金鸡蛋。

★每个人都喜欢金鸡蛋。

→ 

（4）★有些鸡不会下蛋。

★只有一只鸡不会下蛋。

→ 

（5）★农村夫妇二人没有卖掉全部的金鸡蛋。

★农村夫妇二人还有金鸡蛋。

→ 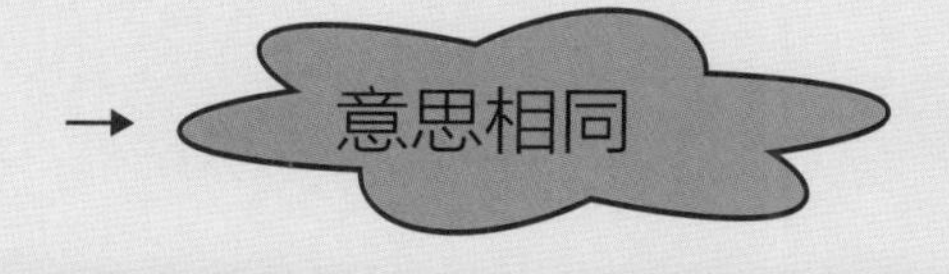

借由文字的描述，学习逻辑推理，以训练头脑的灵活思考能力。

1. 放羊的孩子

❶ 下图原来是哥哥画的 101 ～ 200 的数字表，但是顽皮的弟弟不但擦掉了一些格子，而且连其中的数字也擦掉了不少。请你替哥哥将空格中的数字补充完整。

101									
111		113							
	122			125					
				135			138		
									150
	162								
			174			177			
	182								
191									

❷ 填入正确的数字。

（1）有一个三位数，十位上的数是比 3 小的偶数，百位上的数比十位数少 1，个位上的数是百位上的数的 3 倍，那么这个三位数是（　　　　）。

（2）有一个三位数，十位上的数是 2 的 3 倍，个位上的数是 2 和 3 的和，百位上的数是 2 和 3 的差，那么这个三位数是（　　　　）。

❸ 请根据题意写出答案。

（1）请写出比 146 大，但比 157 小的偶数。

____

（2）请写出比 174 大，但比 185 小的奇数。

____

❹ 请利用下面 3 张数字卡来排序，回答下面的问题。

1	3	2

（1）总共可以排列出（　　）个不同的数。

（2）最大的数是（　　）。

（3）最小的数是（　　）。

（4）最接近 100 的数是（　　）。

（5）最接近 200 的数是（　　）。

进阶挑战

2. 马和驴

❶ 甲 + 35=47，48 - 乙 =19，甲 + 乙 = 丙，

所以，甲 =（　　），乙 =（　　），丙 =（　　）。

❷ 哥哥有一袋巧克力，分给弟弟一些后自己还剩下 13 颗。弟弟将哥哥给他的巧克力也分了一半给妹妹，结果妹妹得到了 12 颗巧克力。请问：哥哥原本有几颗巧克力?

答：（　　）颗

❸ 先算出表格中的答案，并在方格中找出对应的点，然后按照顺序将点与点连接起来。你看到了什么呢？

答：

行	列
（1）16−12=（4）	（1）24−16=（8）
（2）21−17=（　）	（2）14+14=（　）
（3）37−17=（　）	（3）43−15=（　）
（4）18+18=（　）	（4）11+17=（　）
（5）56−16=（　）	（5）43−19=（　）
（6）22+18=（　）	（6）60−52=（　）
（7）10+10=（　）	（7）53−45=（　）

举例：
行：8，列：4，
对应的点是下表中的A点。

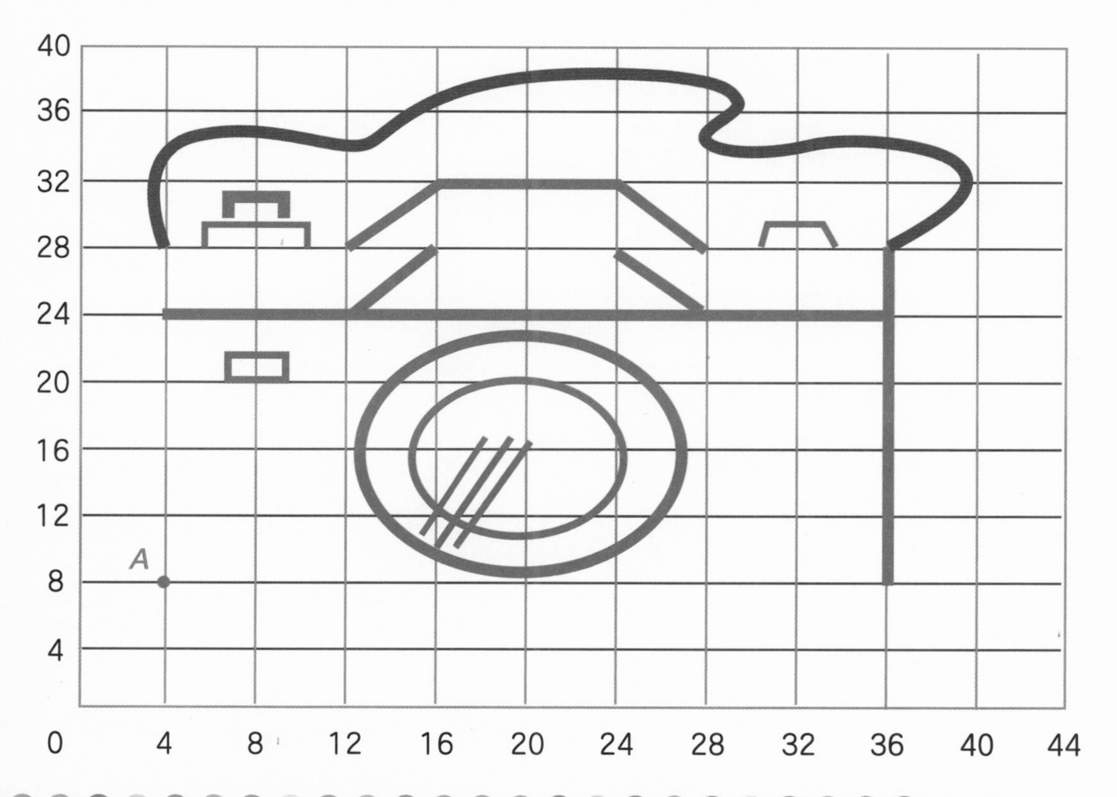

3. 狐狸请客

❶

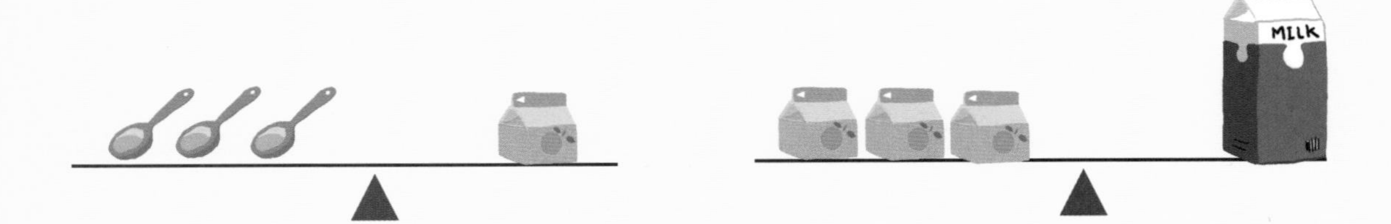

→ 由以上两个图可以知道：

1个 [牛奶] 的重量 = （　）个 [勺子] 的重量

❷ 如果1瓶果汁可以倒出4杯，1罐汽水可以倒出8杯，那么：

（1）妈妈买了6瓶果汁和1罐汽水，共可以倒出几杯饮料？（　）杯

（2）妈妈招待客人用掉了3瓶果汁和半罐汽水。请问：客人喝掉了几杯饮料？（　）杯

（3）由（1）（2）题可以知道，最后还剩几杯饮料？（　）杯

❸ 如果把同样 1 杯水倒入以下 4 个容器中，请根据容器中水位由高到低的顺序排列（在下方的括号中填入代号）。

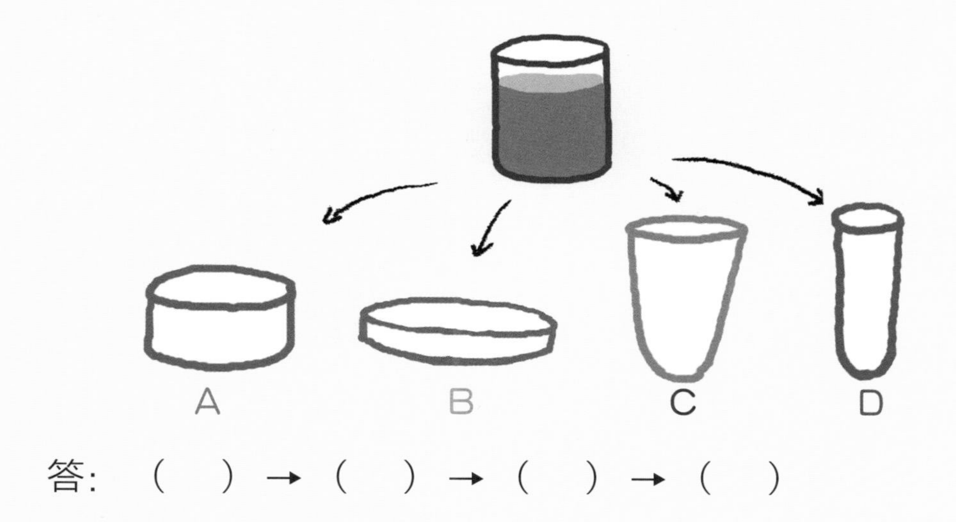

答：（　）→（　）→（　）→（　）

❹ 请选出适当的测量工具（请在下方的括号中填入代号）。

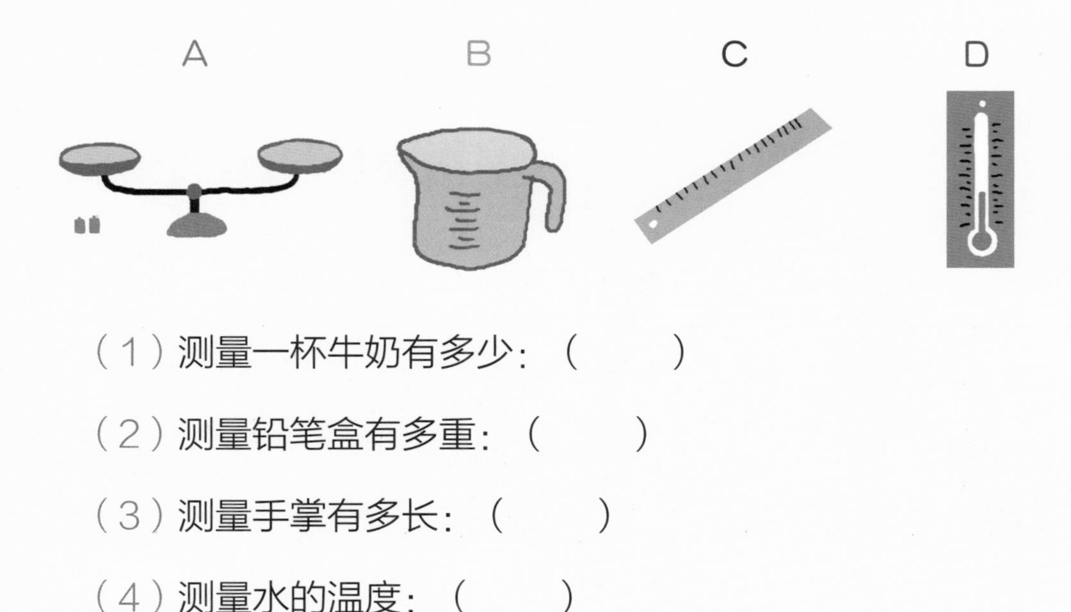

（1）测量一杯牛奶有多少：（　　）

（2）测量铅笔盒有多重：（　　）

（3）测量手掌有多长：（　　）

（4）测量水的温度：（　　）

进阶挑战

4. 龟兔赛跑

❶

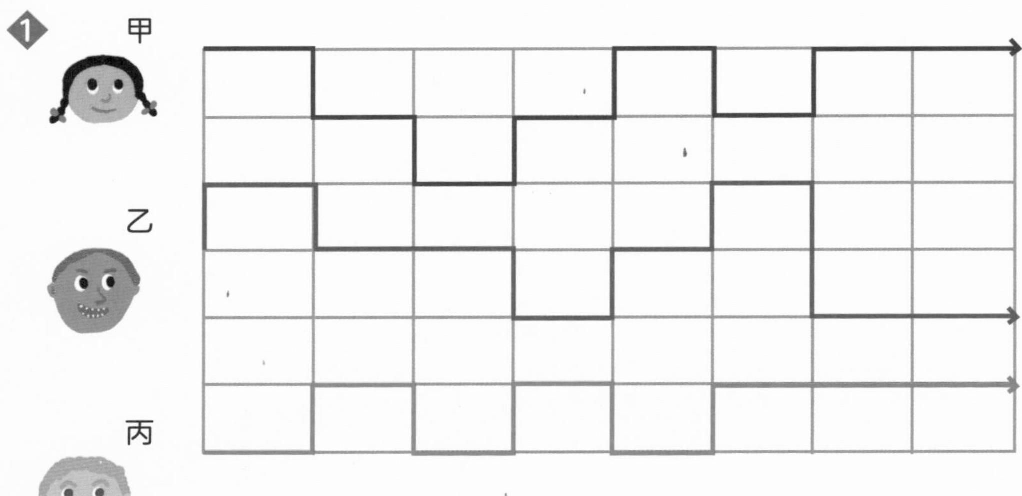

甲、乙、丙 3 个人中，走的路线最长的是（　　），走的路线最短的是（　　）。

❷ 如下图所示，有一条人行道上种了 8 棵树，每棵树之间的距离都是 2 米。请问：这条人行道有多长？

答：（　　）米

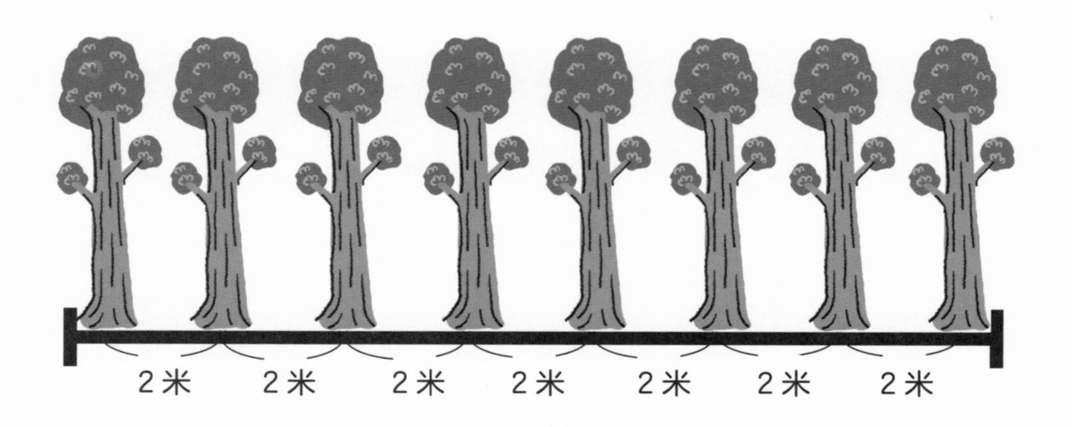

❸ 如果下图中每一格的高度都是 5 厘米，那么：

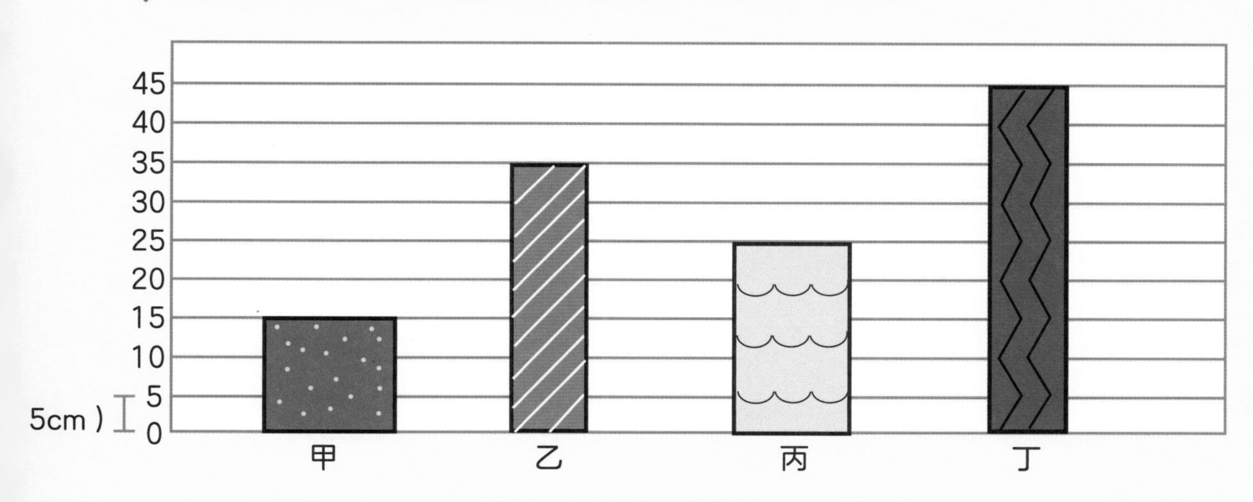

（1）甲、乙、丙、丁的高度依次是：

甲是（　　）厘米，乙是（　　）厘米，

丙是（　　）厘米，丁是（　　）厘米。

（2）最高的是（　　），最矮的是（　　）。

❹ 100 厘米等于 1 米，1000 米等于 1 千米。请按照这些单位标准，选出要测量以下项目时，最适合使用的单位（请在下方的括号中填入代号）。

Ⓐ 千米　　　Ⓑ 米　　　Ⓒ 厘米

（1）测量从北京到天津的距离：（　　）

（2）测量教室的长度：（　　）

（3）测量书本的边长：（　　）

（4）测量脚掌的长：（　　）

进阶挑战

5. 公鸡与女仆

❶ 根据下图时钟所表示的时间，计算再过 15 分钟后，是（　）时（　）分。

❷ 下图时钟所表示时间的前 45 分钟，是（　）时（　）分。

❸ 姐姐下午 1 时 40 分走路出发到图书馆，在图书馆看了一个半小时的书之后再走路回家。如果姐姐走路到图书馆来回各花了 20 分钟，那么姐姐回到家时是下午的几时几分？

答：下午（　）时（　）分

❹ 判断一下，以下这些事情，你应该花多少时间。

（1）勾选出需花较“长”时间的工作。

削铅笔	写完今天的作业	晚上睡觉	吃一顿晚餐	上一节数学课	唱完一首歌

（2）勾选出需花较“短”时间的工作。

用肥皂洗手	洗澡	在操场走一圈	从教室走到厕所	穿好一件衣服	洗衣机洗完一次衣服

6. 下金蛋的母鸡

❶ 如果每个 ★ 等于 6 分，那么：

小安	★★★★
小香	★★
小美	★★★★★
小力	★★★

小安得（　　）分，
小香得（　　）分，
小美得（　　）分，
小力得（　　）分。

❷ 下面图表展示的是二年级 4 个班级的比赛得分。

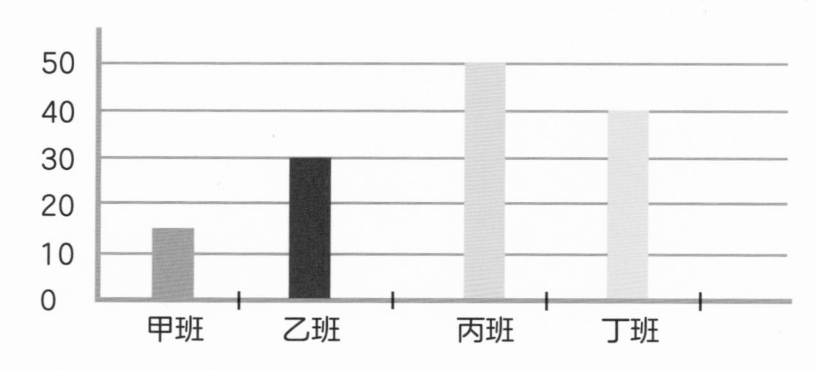

最高分和最低分相差（　　）分。

❸ 下面图表所表示的是二年级 3 个班级的男女生人数。

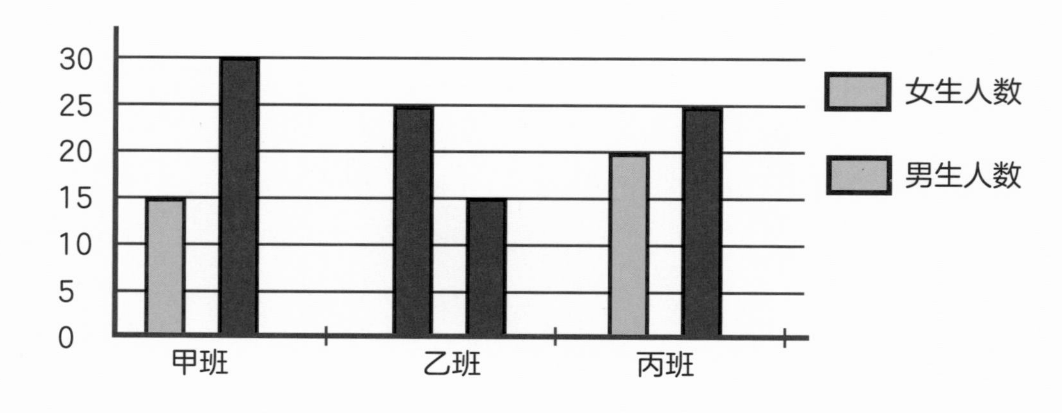

（　　）班的男生和女生人数相差最多，相差（　　）人。

❹ 以下数轴各代表什么意思呢？请填一填。

（1）这个数轴表示（　　）的（　　）倍，等于（　　）。

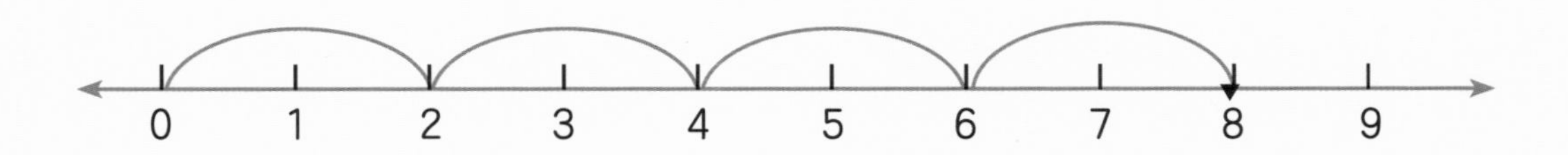

（2）这个数轴是表示有（　　）个（　　），等于（　　）。

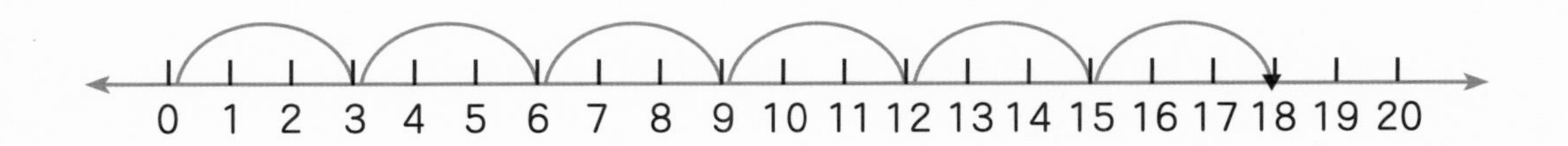

（3）这个数轴是表示连续加（　　）次的（　　），等于（　　）。

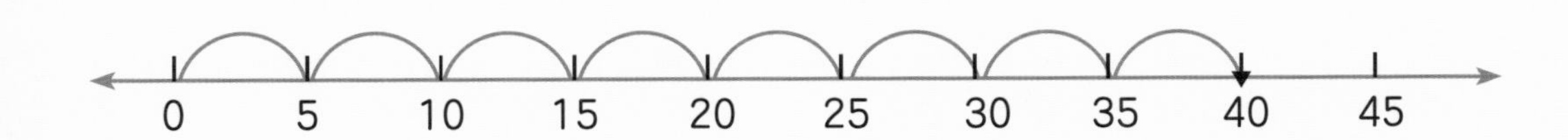

参考解答

（红色字是参考答案，黑色字是解题过程，仅供参考）

1. 放羊的孩子（第 15~19 页）

数学时间·我来试试看

❶（1）99　（2）104
（3）140　（4）159
（5）200

❷

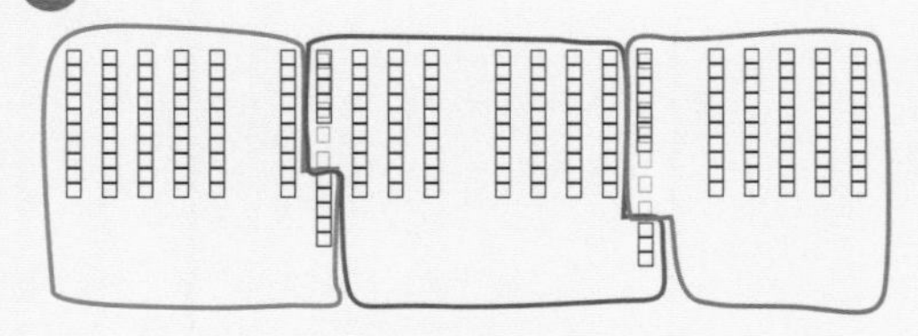

（1）如上图红线圈起来部分
（2）如上图蓝线圈起来部分
（3）如上图绿线圈起来部分
算式：200−65−78=57

❸（1）1，4，8　（2）0，9，8
（3）1，6，0　（4）154
（5）109

❹（1）写法：168
读法：一百六十八
（2）写法：140
读法：一百四十

❺（1）146，148
（2）☑ 100 和 109

头脑体操

◆

101	102	103	104	105	106	107	108	109	110
111	112	113	114	115	116	117	118	119	120
121	122	123	124	125	126	127	128	129	130
131	132	133	134	135	136	137	138	139	140
141	142	143	144	145	146	147	148	149	150
151	152	153	154	155	156	157	158	159	160
161	162	163	164	165	166	167	168	169	170
171	172	173	174	175	176	177	178	179	180
181	182	183	184	185	186	187	188	189	190
191	192	193	194	195	196	197	198	199	200

（1）从左往右依序加 2
（2）从上到下，百位数不变，十位数依序加 1，个位数依序减 1
（3）从上到下，百位数不变，十位数依序加 1，个位数也依序加 1
（4）从上到下，依序加 10

2. 马和驴（第 23 ~ 27 页）

数学时间·我来试试看

❶ 81 包　算式：58+23=81
❷ 16 包　算式：61−45=16
❸ 48 包　算式：87−39=48
❹（1）35，15
（2）100 包　算式：35+15+50=100

❺

$$\begin{array}{r} 13 \\ +13 \\ \hline 26 \end{array} \qquad \begin{array}{r} 26 \\ +25 \\ \hline 51 \end{array}$$

头脑体操

❶（1）a.15+17=32　b.17+15=32
c.32−15=17　d.32−17=15
（2）a.14+22=36　b.22+14=36
c.36−14=22　d.36−22=14

❷（1）☑ 20+5=25
（2）☑ 16+4=20
（3）☑ 25−10=15

3. 狐狸请客（第 32~39 页）

数学时间·我来试试看

❶（1）

（2）

❷（1）☑ 250 颗 （2）☑ 25 个

❸（B）→（E）→（A）→（D）→（C）

❹

（甲）加得最多，（乙）加得最少

❺（1）

（2）

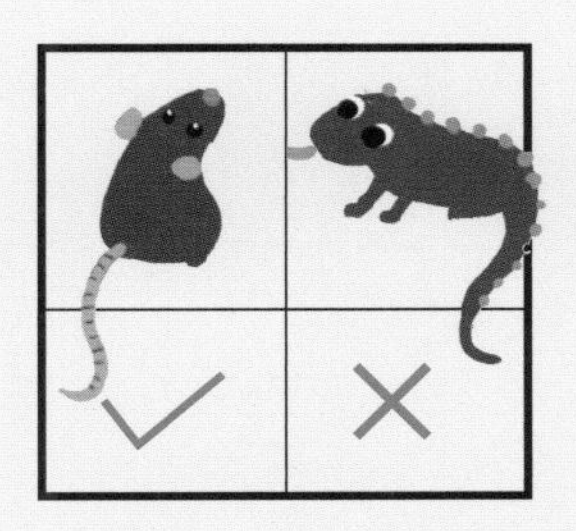

（3）

	✓	×	

头脑体操

❶（1）

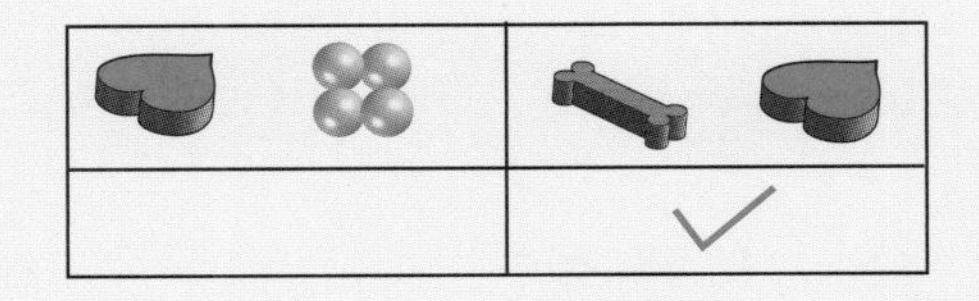

（2）3 （3）a.5 b.4

参考解答

4. 龟兔赛跑（第 44 ~ 49 页）

数学时间·我来试试看

❶（1）

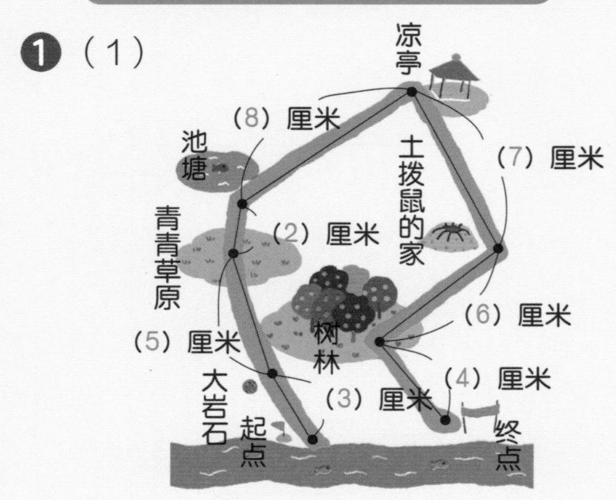

❷（1）52　算式：12+10+30=52

（2）土拨鼠的家　8+12=20

20 的 5 倍：20+20+20

+20+20=100，

8+12+10+30 + 40=100

所以，是在“土拨鼠的家”

（3）76　算式：30 + 40 + 6=76

❸（1）15　算式：26-11=15

（2）90　算式：110-20=90

（3）6　算式：15+15+15+15

+15+15 =90

→ 15 要加 6 次才会等于 90

❹

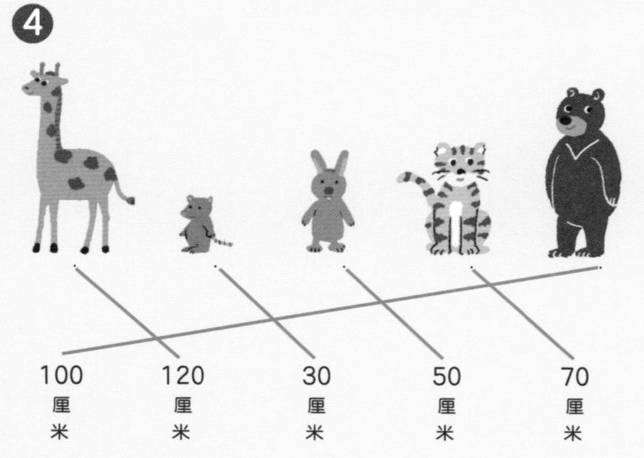

头脑体操

❶（1）

❷ 鸡是 e　　鼠 c

猪是 d　　羊是 a

狗是 b

5. 公鸡与女仆（第 53 ~ 57 页）

数学时间·我来试试看

❶（1）☑ 4 时 22 分

（2）☑ 12:30

（3）☑ 7 时 5 分

❷（1）（10）时（0）分

（2）（4）时（47）分

（3）（2）时（0）分

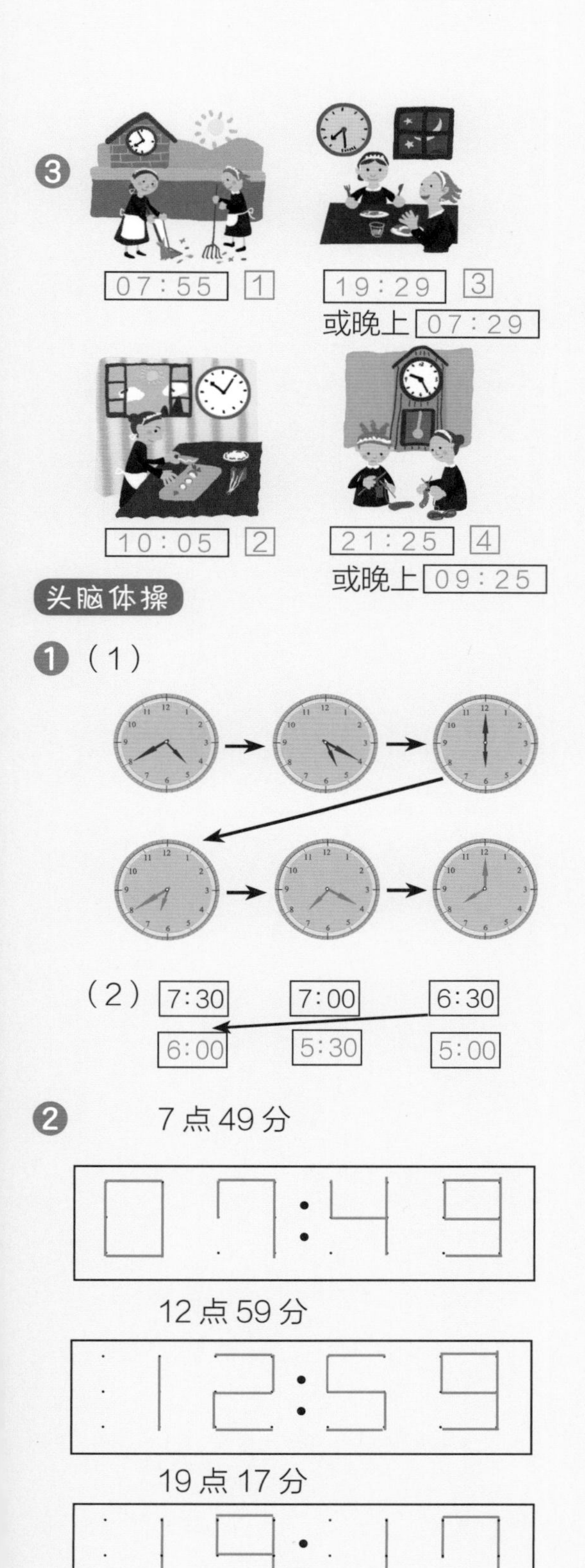

6. 下金蛋的母鸡（第62～65页）

数学时间·我来试试看

❶（1）32个

1箱苹果 =（8）个苹果

2箱苹果 =（16）个苹果

3箱苹果 =（24）个苹果

4箱苹果 =（32）个苹果

（2）56个

4箱苹果 =（32）个苹果

3箱苹果 =（24）个苹果

总共是（56）个苹果

算式：32+24=56

（3）（6）箱又（4）个苹果

20个苹果 =（2）箱又（4）个苹果

4箱苹果加2箱又4个苹果，总共是（6）箱又（4）个苹果

❷

	画圈圈	画记号	数字
西红柿	正正正	卌 卌 卌	15
香蕉	正正丅	卌 卌 ‖	12
橘子	正下	卌 ‖‖	8
番石榴	正	卌	5

头脑体操

（1）不合理　（2）合理

（3）意思相同　（4）意思不同

（5）意思相同

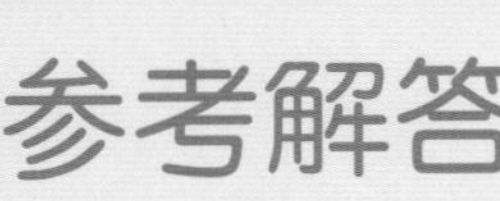

参考解答

高手过招，进阶挑战

1. 放羊的孩子
（第 66 ~ 67 页）

101	102								
111	112	113	114						
	122	123	124	125	126				
		133		135	136	137	138		
				145	146		148	149	150
				155					
	162		164	165	166		168	169	170
	172	173	174	175	176	177			
181	182	183	184						
191									

❷（1）123
十位：2，百位：2-1=1，
个位：1+1+1=3
（2）165
十位：2+2+2=6，
个位：2+3=5，
百位：3-2=1

❸（1）148，150，152，154，156
（2）175，177，179，181，183

❹（1）6（有132，123，312，321，213，231，共 6 个数）
（2）321　（3）123
（4）123　（5）213

2. 马和驴（第 68 ~ 69 页）

❶ 甲 =12，乙 =29，丙 =41
甲 =47-35=12
乙 =48-19=29
丙 = 甲十乙 =12 ＋ 29=41

❷ 37
算式：妹妹 12 颗
弟弟原本有：12 ＋ 12=24
哥原本有：24 ＋ 13=37

❸ 照相机

行	列
（1）16-12=（4）	（1）24-16=（8）
（2）21-17=（4）	（2）14+14=（28）
（3）37-17=（20）	（3）43-15=（28）
（4）18+18=（36）	（4）11+17=（28）
（5）56-16=（40）	（5）43-19=（24）
（6）22+18=（40）	（6）60-52=（8）
（7）10+10=（20）	（7）53-45=（8）

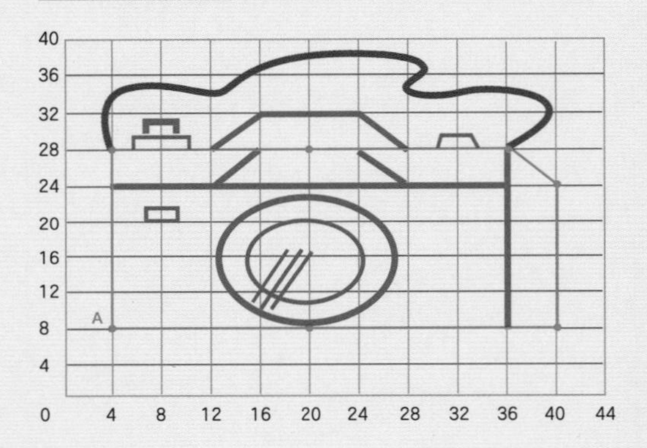

3. 狐狸请客（第 70 ~ 71 页）

❶ 9
算式：3 ＋ 3 ＋ 3=9

❷（1）32
算式：4 ＋ 4 ＋ 4 ＋ 4 ＋ 4 ＋ 4 ＋ 8=3
（2）16
算式：4 ＋ 4 ＋ 4 ＋ 4=16
（3）16
算式：32 － 16=16

❸（D）→（C）→（A）→（B）

❹（1）B　（2）A　（3）C
（4）D

4. 龟兔赛跑（第 72 ~ 73 页）

❶ 乙，丙

甲：14 个边长

乙：15 个边长

丙：13 个边长

❷ 14

算式：2＋2＋2＋2＋2＋2＋2=14

❸（1）甲（15），乙（35），丙（25），丁（45）

（2）丁，甲

❹（1）A （2）B （3）C

（4）C

5. 公鸡与女仆（第74~75页）

❶（9）时（10）分

8 时 55 分

＋ 15 分

8 时 70 分

9 时 10 分

❷（7）时（20）分

8 时 5 分

－ 45 分

7 时 20 分

❸（3）时（50）分

1 时 40 分

＋1 时 30 分

2 时 70 分

3 时 10 分

3 时 10 分

＋ 40 分

3 时 50 分

❹（1）（答案不唯一，仅供参考）

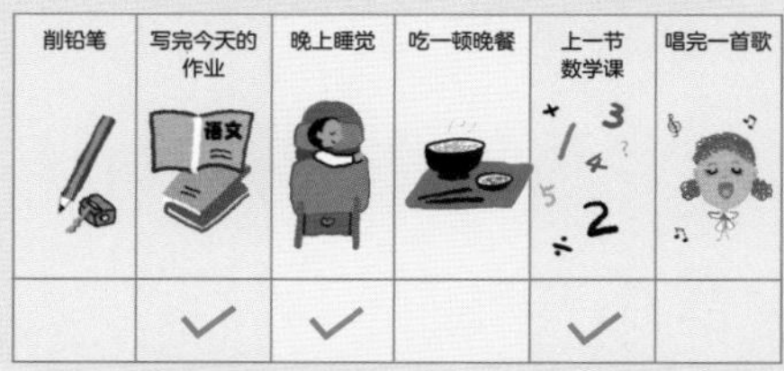

（2）（答案不唯一，仅供参考）

用肥皂洗手	洗澡	在操场走一圈	从教室走到厕所	穿好一件衣服	洗衣机洗完一次衣服
✓			✓	✓	

6. 下金蛋的母鸡（第 76 ~ 77 页）

❶ 小安（24），小香（12），小美（30），小力（18）

小安：6＋6＋6＋6=24

小香：6＋6=12

小美：6＋6＋6＋6＋6=30

小力：6＋6＋6=18

❷ 35

最高分：丙班→ 50 分

最低分：甲班→ 15 分

算式：50 － 15=35

❸ 甲，15

各班男女生相差人数：

甲班：30-15=15

乙班：25-15=10

丙班：25-20=5

❹（1）2，4，8

（2）6，3，18

（3）8，5，40

版权贸易合同登记号　图字：01-2018-7635

图书在版编目（CIP）数据

数学可以这样学. Ⅱ，数学甜甜圈/沙永玲主编；郭嘉琪著；陈盈帆绘. —北京：电子工业出版社，2019.11

ISBN 978-7-121-37378-7

Ⅰ.①数…　Ⅱ.①沙…　②郭…　③陈…　Ⅲ.①数学—少儿读物　Ⅳ.①O1-49

中国版本图书馆CIP数据核字（2019）第191538号

责任编辑：刘香玉
特约编辑：刘红涛
印　　刷：北京尚唐印刷包装有限公司
装　　订：北京尚唐印刷包装有限公司
出版发行：电子工业出版社
　　　　　北京市海淀区万寿路173信箱　邮编：100036
开　　本：787×1092　1/16　　印张：27.5　字数：523.2千字
版　　次：2019年11月第1版
印　　次：2019年11月第1次印刷
定　　价：149.00元（全5册）

凡所购买电子工业出版社图书有缺损问题，请向购买书店调换。若书店售缺，请与本社发行部联系，联系及邮购电话：（010）88254888，88258888。

质量投诉请发邮件至zlts@phei.com.cn，盗版侵权举报请发邮件至dbqq@phei.com.cn。

本书咨询联系方式：（010）88254161转1826，lxy@phei.com.cn。